解·析
人格的魅力

〈上〉

李正伟◎ 编著

中国出版集团

现代出版社

图书在版编目（CIP）数据

解析人格的魅力（上）/ 李正伟编著. —北京：现代
出版社，2014.1
ISBN 978-7-5143-2121-0

Ⅰ.①解… Ⅱ.①李… Ⅲ.①人格－通俗读物
Ⅳ.①B825-49

中国版本图书馆 CIP 数据核字（2014）第 008579 号

作　　者	李正伟
责任编辑	王敬一
出版发行	现代出版社
通讯地址	北京市安定门外安华里 504 号
邮政编码	100011
电　　话	010-64267325 64245264（传真）
网　　址	www.1980xd.com
电子邮箱	xiandai@cnpitc.com.cn
印　　刷	唐山富达印务有限公司
开　　本	710mm×1000mm 1/16
印　　张	16
版　　次	2014 年 4 月第 1 版 2023 年 5 月第 3 次印刷
书　　号	ISBN 978-7-5143-2121-0
定　　价	76.00 元（上下册）

目　录

第一章　无所不在的人格魅力

第二章　高度智慧的人格魅力

第一章　无所不在的人格魅力

在当今社会中，为人处世的基本点就是要具备人格魅力。何为人格魅力？首先要弄清什么是人格。人格是指人的性格、气质、能力等特征的总和，也指个人的道德品质和人的能作为权利、义务的主体的资格。而人格魅力则指，一个人在性格、气质、能力、道德品质等方面具有的很能吸引人的力量。在今天的社会里一个人能受到别人的欢迎、容纳，他实际上就具备了一定的人格。

人，作为"万物之灵"，既是自然的人，又是社会的人。作为社会的人，无论在什么样的社会形态里，他都不是孤立的存在，离开社会、离开人与人之间的交往，人也将不成其为人。

人在社会交际中，认识自我；在认识和改造主客观世界中发展自己，壮大自己。在社会生活中，人际关系常常表现为一种感情上的联系和心理上的相互吸引。无论是谁，在社会交往中建立起来的人际关系越好，他的朋友就越多，就越能使自己得到温暖、勇气，增加自己的智能和力量。

人格是一个人整体精神面貌的表现，是一个人的能力、气质、性格及动机、兴趣、理想等多方面的综合表现。

它是从人出生时就有并一直延续的发展下去的。评价一个人不单单只看他的外表，而是综合多方面因素，例如外貌、语言、心理、性格等，从中去发现他高尚的人格魅力。这是较高的境界，最重要的是要有健康的人格。一个人要想让别人尊敬他，欣赏他，应该有自己的人格魅力；对自己本身的优、缺点有一定的了解，不自卑，不自傲，与身边的人搞好关系，能重视自己的言行举止，不做有失自己的风范的事。在遇到困难、挫折时，有一种乐观向上的态度，使自己从挫折中站起来，变得更加坚强，使自己渐渐地成长起来。而在生活当中更要有乐观、积极的态度，培养广泛的兴趣爱好，自信地面对生活，享受人生，使生活变得更加的充实，丰富多彩。一个人的魅力在于人格的魅力。人格分为虚假的人格和本性的人格、艺术的人格。有魅力的人格即是真实的人格。有的人非常圆滑，你说他卑鄙他又不卑鄙，你说他虚伪他又不虚伪，他就是圆滑，他的人格属于艺术人格。具有艺术人格的人肯定没有具有本性人格的人有魅力，而拥有虚假的人格的人迟早都会被人抛弃的。

如果说一个人的魅力在于他的人格的话，一个人的可悲也在于他的人格。具有艺术人格的人，有时难免要说些谎话，在不影响、不伤害别人的情况下，不得不这么说。

我们不要太讨厌假话。其实，每个人每天都在说假话，说很多假话。好些不伤人的假话是艺术。我们每天都说很多实话。那些实话就是力量，敢讲实话是力量的象征。说不伤人的假话是艺术的象征。我对自己的要求就是假话尽量少说，真话尽量多说，伤人的话坚决不说。如果我在一怒之间说了伤害别人的话，我会主动向对方道歉的。

为什么生活中没有人承认自己是伪君子？因为人都是按照自己的准则处事的。

小偷有小偷的感情，骗子有骗子的感情，流氓有流氓的感情。他们的很多感情都是真实的。只不过我们按照大众的原则或法律的原则，把他们界定成骗子或流氓。

在我的心目中，大多数人都是好人。我很坦率地发表自己的意见时，结果远不是我所想象的那样美丽。任何人都喜欢听好听的话，听带有艺术的话，不论是中国人还是外国人。

人格魅力既然是一种人品、能力、情感的综合体现，有这样魅力的人大都能口吐莲花、妙笔生花，你和他相处时间长了会对他产生一种认同、信服和崇拜。这样的人是人中的蛟龙。他的智商和情商都是一流的，知道怎样为官，更懂得怎样为人。你和他相处不需提防，不怕穿小鞋。他有睿智的头脑、敏锐的洞察力，你的小肚鸡肠他能宽容，你的虚情假意他洞察入微，使你不能、不敢、不想对他有二心。这样的人你可托付一切！你和他不在距离的远近，而在心的靠近。

海不择细流，故能成其大；山不拒细尘，方能就其高。懂得自尊、懂得尊重，就会有这种魅力。一个健康的人格不是本身就具有的，需要一点一点地积累起来。平时注意培养自己正确的思想观念、良好的心态、乐观的生活态度，来塑造自己健全的人格素质。

（一）人格魅力是一种精神

人格魅力是一种特殊的精神素质，其性格特征可表现为以下几个方面：

第一，在对待现实的态度或处理社会关系上，表现为对他人和对集体的真诚热情、友善、富于同情心，乐于助人和交往，关心和积极参加集体活动；对待自己严格要求，有积极向上精神，自励而不自大，自谦而不自卑；对待学习、工作和事业，表现得勤奋认真。

第二，在理智上，表现为感知敏锐，具有丰富的想象能力，在思维上有较强的逻辑性，尤其是富有创新意识和创造能力。

第三，在情绪上，表现为善于控制和支配自己的情绪，保持乐观开朗、振奋豁达的心境，情绪稳定而平衡，与人相处时能给人带来欢乐的笑声，令人精神舒畅。

第四，在意志上，表现出目标明确，行为自觉，善于自制，勇敢果断，坚韧不拔，积极主动等一系列积极品质。

魅力是吸引人的一种力量。大自然有无穷的魅力，比如那清澈的小溪，雄伟的山峰等。人身上也有无穷的魅力，它不仅是外在的美丽，它更是由内向外的气质，这便是人格的魅力。

魅力是一种本色。它不需要任何华丽的包装，也不需要任何矫揉造作。真正的魅力是一种自然的美丽，例如小孩纯真的笑容，没有压力没有烦恼。这种笑容是有魅力的。

魅力是一种品格。品格是魅力上一件必不可少的修饰品。一个拥有良好品格的人往往在群体中是受欢迎、倾慕的人。拥有良好品格的人身上必定对人热情；富有同情心；自励、自谦。

魅力是一种修养。如果说品格是魅力的修饰品，那么修养便是魅力的核心。

人生在世，总会遇到许多不平等和不公正，无论身处逆境还是顺境。每个人的人格都是平等的。世界上没有所谓的卑微，但有卑鄙；也没有高贵，但有高尚。然而总有人千方百计制造尊卑的这条界线，有人也习惯的逆来顺受。这恐怕就是一个人的修养的高低吧。人所受的伤害莫过于心灵的伤害；所受的摧残莫过于精神的摧残；所受的侮辱莫过于人格的侮辱。

魅力是一种肯定。人格，其实是对自我的评价，有些人喜欢和别人比较，结果越比越失去自我，产生了自卑的情绪。也有些人对自己有着良好的自尊。以自尊来获得别人的尊重，是魅力。

魅力也并非与生俱来的，它需要长年累月的磨练，也需要一个乐观向上的姿态。魅力也并非只属于别人，只要肯努力，我们都能拥有迷人的魅力。一个有魅力的人生才是健康的人生。

如果你是一只雄鹰，人格是助你展翅高飞腾空万里的翼；假若你是一棵参天大树，人格是助你有一个伟岸身材坚韧挺拔的根；假若你是一艘巨轮，人格是助你远渡重洋叱咤于茫茫大海之间的舵。

人格的魅力是无穷的，是不可阻挡的。无论你是雄鹰或是参天大树，失去了人格，雄鹰终要跌落，大树终要枯萎。换而言之，没有了人格，你的生命是悲惨的，你的人生是黯淡的，你的结果是惨败的，你的一切都将是荒芜的。

回首望去，遥遥的历史长河，有多少英雄伟人不是因为他们人格的魅力而家喻户晓而名垂千古呢！"三十功名尘与土，八千里路云和月"的岳飞，用他那炽热的人格魅力换来了流芳千古受万人景仰的美名。"我以我血荐轩辕"的鲁迅，他的人格魅力，是用他手中那杆爱国的笔和他那颗爱国的心谱写出来的。千千万万的人们因他而振奋而昂扬的迎接一切的挑战，战胜一切的困难；他的佳作代代流传，他的名字被人们永远铭记在心中！

人格的拥有对每个人来说都是平等的，任何人都可以拥有它，都可以很好的发扬它。无论你是堂堂的七齿男儿，还是柔弱的窈窕之女。王昭君，像柳枝般瘦弱的你，抗争着塞外的劲风，怀抱着琵琶，迈着羞涩陌生而又坚定的步伐，走出了深宫高墙，走出了生你育你的父母之乡。你舍弃了熟念于耳的乡音，毅然选择了"一去紫台连朔漠"的的悲壮；选择了"独留青冢在人间"的凄凉；你用你那瘦弱的身躯阻挡了匈奴的千军万马，拯救了大汗的万千黎民。看到了你，我看到了人格魅力所放出的无穷光芒，看到了它永不衰朽的无穷力量。

如果说人生像一本书，人格就是那书中最具深意的名言、那最真诚的故事。如果说人生像一首歌，人格就是那最最动听的音符、那最有节拍的音律。如果说人生像一场梦，人格就是那梦中最美好的情景、那最幸福的微笑。

让我们共同来感受人格魅力带给我们的美好。让我们都去拥有它，发扬它。这样，我们的人生，也许因为感受了它拥有了它而变的更加的精彩、更加的绚丽，更加的让我们自豪。

（二）人格魅力的影响是无穷的

一个人有无影响力，人格魅力是首要的。人格魅力说到底就是受公允的人格本位的打造。离开了公众，即使自以为有人格，那也无魅力可言。没有魅力，也丧失了影响力。有人格魅力的人，在无形上就会给人留下难以磨灭的印象。因此，团队中的二号人物更要注重人格魅力的打造。怎么去打造？要靠自己去打造。

人格是一个人品质、意志和作风的集中体现，优秀的人格本位得到他人的称赞，于是就产生了人格魅力。英国作家斯迈尔斯在《人生的职责》一书中，曾讲过一个十分感人的故事：古雅典有位名叫阿里斯蒂德的军队统帅，他勇敢、正直、善良、俭朴，参加过马拉松战役，指挥了柏拉图战役，对国家而言，他可谓是功绩赫赫。

然而更让百姓钦服的倒是他善良、俭朴的人格魅力。以至于有一天，阿里斯蒂德观和众位将士一起观看一个悲剧演出，当演员一连几次提到"俭朴"与"善良"的台词时，全场观众的目光竟然不约而同地转移到他身上。无疑，他因为以自觉形成的俭朴与善良的人格操守，为雅典人树立了榜样。他虽然是国家的最高级官员，死的时候却非常贫穷。

人格魅力在公共人际关系中会产生一种强大的感召力和影响力。在企业的团队里，领导人的影响力大多缘自其不凡的人格魅力。

撇开斯迈尔斯笔下的阿里斯蒂德将军，我们也可以以此来衡量一下中国改革开放的伟大设计师邓小平的魅力。改革之初，邓小平在全党范围内倡导解放思想，独立思考。他尖锐地指出："'许多重大问题往往是一两个人说了算，别人只能奉命行事。这样，人家就什么问题都用不着思考了。''说话做事看来头、看风向'，'书上没有的，文件上没有的，领导人没有讲过的，就不敢多说一句话，多做一件事'。"

1992 年"邓小平南巡讲话"，每到一个地方，讲话都十分干脆，不拖泥带水，切中要害。为表达改革与解放生产力的重要关系，他用共产党人最看重的"革命"这个概念做比方："革命是解放生产力，改革也是解放生产力"。什么是社会主义的本质？邓小平的简短解释早已成为中国高等院校政治教材的标准答案："社会主义的本质，是解放生产力，发展生产力，消灭剥削，消除两极分化，最终达到共同富裕"。如今，小平同志的很多话堪称经典，传遍神州，家喻户晓。例如："胆子更大一点，步子更快一点"，"不管白猫黑猫，抓到老鼠的就是好猫"，"领导就是服务"等等。

事实证明，邓小平的人格魅力与领袖风范，即是对民族文化和民族精神的继承和发扬，是在那个独特的年代里形成的。正是这样，在人生经历了"三起三落"之后，他面对时代巨变仍然镇定自若有所作为，给祖国和人民交了一份圆满的答卷；被誉为中国改革开放的"总设计师"。

看看商界风云人物，有非凡魅力的顶尖人物数不胜数，如 LG 中国区总裁卢庸岳。

这位 LG 电子中国区总裁坐在自己位于北京望京的办公室里，周围摆满了 LG 电子产品，对面是一堵墙似的书柜，面前是一长溜和部下开会的会议桌。这个时候，卢庸岳更像一位坐镇一线的统领者，有不怒自威的气势。即使在 2003 年 SARS 最猖獗的时候，他也是坚守在一线。被中国媒体选为 SARS 期间从中国人手中得到最大价值的企业家。专门报道全球新闻的 CNN 曾评价他为"极具挑战、进取心的 CEO"。

60 多岁的卢总裁表面上一丝不苟、不苟言笑，实际上一位慈祥的强硬派。善于着手去把握大的方向。他坦承："我自己认为 CEO 在公司起到的作用，应该是提出一个明确的正确的蓝图，指出大的发展方向，这是他的责任，也必须拥有这种能力。要做出正确的决策，首先要有预测未来的能力，有预测未来的慧眼。这两方面是最重要的，其他都是次位的，我的风格就是我把所有的精力都投放在这两方面上。大的方向定了以后，自然有很多优秀的人去实现。"

一位 LG 电子的中层经理曾说，卢总裁是一个以身作则的领导者，他不太喜欢夸夸其谈，却喜欢亲力为之。此外，他还具有锐利的观察力，比如在听取一些部门的工作汇报时，他能一眼看破问题的本质或薄弱所在。因此，LG 的一些中层经理们都很赞赏这位 CEO。这也许就是他的精明之处。由此可见，这位 CEO 的领导风范和人格魅力非同一般。

再如 2000 年从 IBM 跳槽至甲骨文公司，任甲骨文台湾地区总经理的李绍唐，管理员工有三大法宝：智慧领导、个人魅力和职位权威，其中前两项是他的管理核心。他认为员工之所以要跟着领导走，是因为能从领导那里学到东西。他说他常常带着他的下属读书，读《亚马逊》上最新的经管类书籍。

李绍唐的个人魅力也来自于他在学习中积累的智慧。李绍唐很注重和员工沟通，用心去听员工的想法。他曾说："无论在台湾还是上海，我都定期地和我的员工喝咖啡，听他们对行业动态、公司发展和本身工作的各种想法，公司气氛很融洽，我也从中掌握了员工的动态。要知道'企业'没有人就成了'止'业……"此话说得真是形象、贴切。他把闲暇时间用在和员工一起喝咖啡上，他在员工心中的影响力可想而知。

现在，我们可以明白这样一个道理：如果你是团队的二号人物，无论这个团队是大是小，你都要在员工中间造成好的影响力。而打造你自己的人格魅力，是迸发影响力的核心力。

（三）人格魅力，成功的阶梯

在最近整理翻阅之前读过的一些书籍时，有两句话又撞击了我心房中最柔软的部分，引起我极度强烈的共鸣："真正的成功人士最让人钦佩的是自身人格魅力。人格魅力是指由一个人的信仰、气质、性情、相貌、品行、智能、才学和经验等诸多因素综合体现出来的一种人格凝聚力和感召力。"话说宋代有廉之如、罗贤为之故事。这个故事让我们深切的感受到"君子之交淡如水"这句古语的真谛。真正的朋友，是一种心灵的默契，是性情的相投。这与当今社会上那些酒肉朋友，赌友，铁哥们儿等相比，又怎么可以相提并论呢？简直就是天壤之别。

闻香识友，贵在识人知人，所凭借的就是一种潜在的心灵默契，是高尚的人格魅力，是永远芬芳如兰的品质和情操。如果闻香而不能识友，错把小人当挚友，或者不能善待友谊，就是人生最大的败笔。而那些臭气相投的所谓朋友，只不过是逢场作戏，相互利用罢了。可见真正的朋友，与物质无关，与利益无关，那是一种心灵上的默契，是性情的相投，是心与心的依存。没有高低贵贱之分，人格上的平等是相知的基础。

在我的工作圈子和生活圈子中，在这些多多少少朋友中，不乏有许多富有人格魅力的人。他们曾给我深深的感动，有的甚至令我感到震撼。我为自己拥有如此众多的优秀分子感到自豪。但同时，我也遇到不少缺乏人格魅力甚至是毫无人格魅力可言的朋友，令我为之感到汗颜与羞愧。人格魅力的确指一个人在性格、气质、能力、道德品质等方面具有的很能吸引人的力量。在今天的社会里一个人能受到别人的欢迎、容纳，他实际上就具备了一定的人格。人格魅力特别能反映人最基本的也是最核心的，最灵魂的，最为人性的东西。人格魅力不是与生俱来的，而是一种辛辛苦苦的，认认真真的修炼，是一种"自我超脱"的心灵磨练。

特别是成功人士的人格魅力所折射出的是人的本色和光芒，一个具有人格魅力的成功人士人应该是多面的，是丰富的，应该有着自己的个性所为，有着现实中的冷静思考，也有着机智思维的能力。换句话说一个有人格魅力的成功人士首先是感性的、同时也是理性的，却又不失知性的能力。但凡理性的人处世是沉稳的，做事是执着的，不失洒脱豪放之气。理性的行为正是成熟的体现，这样的人是具有魅力的。人的感性最易打动人的心，人的理性能折服一个人，人的知性却能让另一个人为之付出所有而无悔。人的感性是魅力形成的基础，人的理性是魅力形成的必要条件：人的知性促进魅力的提升，人的人格魅力也正是感性和理性加上知性的综合。具有人格魅力的人如同一杯开水冲的浓茶，片片茶叶的飞舞给你带来无限的美好幻想，静止下来的叶片让你清楚看到它的沉寂，品味中的茶香能给你带来强烈的味觉冲击，能让你良久回味于甘甜之中。

人生得一成功知己足矣。但愿人人都能闻香识友，闻香结友，尊重朋友，相信朋友，收获纯洁美丽的情谊，愿我们大家都成为廉之如和罗贤为那样心中有清馨的挚友。用阅历磨练自己，用知识丰富自己，从困难中寻求成功，从工作中寻求责任，从学习中充实自己，从坚定中走向成熟。

现实生活中，为什么有些领导人似乎总比别人有影响力，更能吸引大众和媒体的眼光呢？因为，他们有着某种独特的不凡的魅力。这种独特的魅力带来的影响力是巨大的。

铃木敏文的举证力　日本 7 – 11 的领导人铃木敏文强调数字与皮肤感觉必须相互印证。这种预想当然是不错的。但是很多人往往忽略了前一天的温度。试想，如果昨天气温是 25℃，今天是 30℃，今天一定会觉得很热，但若昨天是 35℃，今天是 30℃，便不会觉得热。再如，7 – 11 曾举行过试吃凉面的活动带动了销售。在日本，凉面的销售每年 8 月达到高峰，但是 7 – 11 认为，日本建筑物室内多开暖气，呆久了会觉得又热又干，在"天气虽冷，但室内热，所以中华凉面可以卖得好"的假设下，中华凉面提早在 2 月就上货架。

他还发现，因为店面假设"天气这么冷，中华凉面就卖不出去"，因此只放四个中华凉面。这么一来，客人根本无从察觉凉面上货架了。没有察觉，又如何创造业绩？

戈恩的强大说服力 正是因为戈恩的强大说服力，使日产公司反败为胜。戈恩善用"让数字说话"。他用简单易记的数字，说明他的再造计划。例如2002年5月，日产发表新三年计划"日产180"中，日产的业绩将增加100万辆、营业毛利为8%、汽车事业部负债为0。令人惊叹的是戈恩不会说日文，日产集团13万名员工的共通语言是"数字"，可以做到"计划只占5%，剩下的95%靠实行的程度"。戈恩说话有力简短，会用手势来加强语气，能够在有限的时间内发出准确信息，让对方理解自己的理念，并且有动机与行动力。例如，他强调："今天的领导者有三个标准：绩效、价值与透明度。"简短的信息，就已充分传达了一种理念。

香港著名企业家李嘉诚在总结他多年的管理经验时说：如果你想做团队的老板，简单的多，你的权力主要来自地位，这可来自上天的缘分或凭仗你的努力和专业知识；如果你想做团队的领袖，则较为复杂，你的力量源自人格的魅力和号召力。由此可见，领导者只有把自己具备的素质、品格、作风、工作方式等个性化特征与领导活动有机地结合起来，才能较好地完成执政任务，体现执政能力；没有人格魅力，领导者的执政能力难以得到完美体现，其权力再大，工作也只能是被动的。

人格或个性，按美国著名人格心理学家奥尔波特的界定，是指"决定人的独特行为和思想的个人内部的身心系统的动力组织。"也就是说，人格是一个人与其他人区别开来的精神素质或独特的心理特征，它由动机、需要、信仰、价值观和能力、气质、性格等要素构成。其中能力是直接影响人的活动效率，使活动顺利完成的个性心理特征，它是人格的重要构成要素，是人格的支撑，可以彰显个性。领导者如果没有超越一般人的能力，是不可能具备让人敬佩的人格的。

人格魅力更是指由一个人的信仰、气质、性情、相貌、品行、智能、才学和经验等诸多因素综合体现出来的一种人格凝聚力和感召力。有能力的人，不一定都有人格魅力。缺乏优秀的品格和个性魅力，领导者的能力即便再出色，人们对他的印象也会大打折扣，他的威信和影响力也会受到负面影响。领导者的人格魅力影响着其执政的能力，其影响主要通过领导者运用权力时产生的亲和力凝聚力感召力，使被领导者心甘情愿地为实现既定目标努力奋斗而产生的成效体现出来。

很多时候，我们很难想象但又不得不承认，一个领导人的魅力对团队的影响是多么重要。一个成功的二号人物，像创造空中客车神话的尼奥·菲戈德、IBM 神话的郭士纳，以及拯救雅虎的特瑞·塞梅尔等二号人物——在他们打造一流团队的成功记录里，承载了多少光芒四射的魅力啊！

（四）拥有领导人一样的人格

领导者的人格魅力，是位于领导者权力影响之外的、能让下属和群众敬佩、信服的一种自然征服力，是领导者为官立业的根本。从一定意义上讲，"领导"就是领导者人格魅力在管理过程中的作用，是领导工作成败的关键所在。追踪古今中外政治家的从政轨迹，我们不难发现，仅靠权力树立起来的威严不是长久的，只有靠人格魅力树立起来的威信才是永恒的。在人民当家作主的社会主义国家里，作为人民公仆的领导干部尤其是"一把手"，加强自身的人格修养，增强自己的人格魅力，对于领导改革开放和社会主义现代化建设有着十分重要的意义。具体来讲，就是要做到四点：

1. 公道正派，靠无私无畏的品质感染人

公道正派是一个人为人处世的基本道德准则，更是一个领导干部特别是"一把手"必备的政治道德。从政治的角度讲，公道正派要求我们必须具有明确、坚定的政治方向、政治立场和政治观点，做党的事业的忠实履行者和人民利益的积极捍卫者；从领导方法和领导艺术的角度讲，公道正派要求我们必须做到诚实正直，刚正不阿。要做到掌权不专权，纳谏不附和；既要让下属在职责范围内独立大胆地开展工作，又要加强对他们的监督，对有失公正的行为，要严肃批评，及时纠正，做到放手不放纵，宽容不纵容。

2. 以身作则，凭扎实过硬的作风信服人

打铁先得自身硬。作为"一把手"，要想带领别人干，自己必须首先干；要想整个班子廉，自己必须首先廉。这是一种无形的力量，是树立自己威信的必要前提，是增强自身凝聚力、感召力的基础。"勤以修身，俭以养德，非淡泊无以明志，非宁静无以致远"。面对纷繁复杂的世界，掌握"大权"的"一把手"一定要保持一个心平如水的心态，以清廉为荣，谋私为耻，利己为羞，不为繁华困扰，

不让名利缠身，不因贪物丧志，过好名利关，权力关，人情关，金钱关，美色关，挡得住诱惑，管得住小节，耐得住寂寞，不仁之事不做，不义之财不取，不正之风不沾，违法之事不干，切不可忘记了宗旨，放弃了原则，丢失了本性，泯灭了良知，堕落了人格。

3. 心胸坦荡，以海纳百川的气度厚待人

襟怀开阔，虚怀若谷，宽厚待人，是领导者必备的素养和美德之一，是领导者学识、修养、风度的内在体现，是班子成员能否形成心情舒畅、互谅互让、同舟共济工作局面的重要心理基础。一定要有容人、容事、容言之量，能容纳因一时不明真相，而反对自己的人，能谅解下属偶尔出现的过失与错误，能听取下属的不同意见，切忌事事计较，斤斤计较。

4. 善解人意，用坦诚亲切的情感亲和人

感情是建立人际关系的重要基础，是工作得以顺利开展的润滑剂。感情好，人际关系就和谐融洽，就能感到事事得心应手，即使工作出现了失误或遇到了困难，下属也会真诚体谅，热心帮助，甚至会不令而动，共渡难关；感情不好，人际关系就失谐紧张，"一把手"就会感到曲高和寡，孤独苦恼，工作目标就难以实现。

让下属感受到满腔的热情，感受到春天般的温暖，这样才能缩短与同志之间的距离，自己的思想观点、思维方式和工作方式，就能和风化雨、点滴入土，逐渐地被他们接受和认同。

早在60多年前，毛泽东同志在《纪念白求恩》一文中，就号召

全党同志要向国际共产主义战士白求恩学习，做一个高尚的人，一个纯粹的人，一个有道德的人，一个脱离了低级趣味的人，一个有益于人民的人。纵观毛泽东波澜壮阔的一生，中国人民对他的敬仰和怀念，不仅在于他作为我们党的第一代领导核心，带领人民推翻了"三座大山"，建立了新中国，引导我们走上了社会主义的康庄大道；而且也在于他"毫无自私自利之心"，严于律己，始终同人民群众同呼吸、共命运，把自己的一切毫无保留地贡献给了中国人民。

建国初期，毛泽东和周恩来商量，筹建一个国家文史研究馆。当时，杨开慧的朋友、柳直荀烈士的遗孀李淑一托人找到毛泽东，也想到北京去当文史馆的研究员。李淑一大概没有想到，她给毛泽东出了一个难题。毛泽东在 1954 年 3 月 2 日就这件事，专门给秘书田家英写了一封信说："李淑一女士、长沙柳直荀同志（烈士）的未亡人，教书为业，年长课繁，难乎为继。有人求我将她荐到文史馆为馆员，文史馆资格颇严，我荐了几人，没有录取，未便再荐。拟以我的稿费若干为助，解决这个问题……"

1965 年秋，甘肃省天水县花牛寨生产大队的社员们给毛泽东寄去一箱他们自己产的苹果，让领袖与自己一起分享丰收的成果。不久，他们便收到来自中央办公厅的一封信，还有 44. 82 元钱。钱是毛主席亲自交代寄的。信中说："中央早有不收受群众礼物的规定，请你们以后不要再送，现汇去人民币 44 元 8 角 2 分，请查收。"后来，这封信被花牛寨人刻成了碑，高高地竖在村口上，以教育子孙后代铭记这件事。对于外宾送的礼物，毛泽东也是委托工作人员如数登记上交，从不留一件。对此，身边工作人员曾劝说毛泽东："反正这些礼品是送给您的，您吃了用了都是应该的。"不料，毛泽东作了这样一番解答："这个问题不是那么简单，党有纪律。这些礼物不是送给我个人的，是送给中国人民的。中国不缺我毛泽东一个人吃的花的。可是，我要是生活上不检点，随随便便吃了拿了，那些部长们、省长们、市长们、县长们都可以拿了，那这个国家还怎么治理呢？"

20世纪60年代初全国闹灾荒经济困难时期，他老人家告诉身边工作人员："我不吃猪肉和鸡了，猪肉和鸡要出口换机器。"从那儿以后，他半年多不肯吃一口肉。青黄不接的时节，他老人家常常是一盘马齿苋，便充下饭菜，几个烤山芋，也能顶一天……此情此景，常常令身边工作人员满眼热泪、感动不已。

这就是中国人民衷心爱戴的伟大领袖！他始终认为自己手中的权力是人民给的，不能用来谋取任何私利。在推荐人的问题上，他不仅对"荐人未果"保持平和的心态，不摆架子，不耍权威，而且支持用人单位坚持标准原则选人用人；在执行党的纪律上，他带头不享受任何特权，不接受任何礼物。在日常生活中，他与群众同甘共苦，保持着艰苦朴素的作风，过着普通人的生活。这一切无不昭示着毛泽东位高不忘本、功高不自居、权重不谋私的高风亮节，从而赢得了中国人民发自肺腑的无限爱戴和崇敬，带来了清新优良的党风和社会风气。

现在有些人对毛泽东一生都在追求，在奋斗，在奉献，而自己没有得到丝毫的享受，不免感到遗憾和不可理解。我想，这种认识还是没有读懂毛泽东，没有走进他的内心世界。毛泽东的一生都在追求理想，而这种理想决不是个人的升官发财和贪图享受，而是为了国家和民族的利益，为了中国人民的解放事业。为此，毛泽东做出了巨大牺牲，六位亲人壮烈捐躯，承受了常人难以忍受的巨大痛苦。在他的内心深处始终没有把吃好穿好、过舒适的日子当作幸福，而是以奋斗为乐，以奉献为荣，心里始终装的是国家兴亡、人民利益。对此，我们不难得出结论，毛泽东同志正是他自己所倡导的"五种人"的楷模。

海不择细流，故能成其大，山不拒细尘，方能就其高。懂得自尊、懂得尊重，就会有这种魅力。

（五）个人形象展示人格魅力

在当今社会中，为人处世的基本点就是要具备人格魅力。何为人格魅力？首先要弄清什么是人格。人格是指人的性格、气质、能力等特征的总和，也指个人的道德品质和人的能作为权力、义务的主体的资格。而人格魅力则指一个人在性格、气质、能力、道德品质等方面具有的很能吸引人的力量。在今天的社会里一个人能受到别人的欢迎、容纳，他实际上就具备了一定的人格。

简单地说，个人形象也就是一个人的外表或相貌，也是一个人内在品质的外部反映，它是反映一个人内在修养的窗口。社会学者普遍认为一个人的形象在人格发展及社会关系中扮演着举足轻重的角色。人类容貌的改变有一定的理论供做依循，主要取决于人类的遗传基因、年龄和病变等。

以心理学的角度来看，他人通过观察、聆听、气味和接触等各种感觉形成对某个人的整体印象，但有一点必须认识的是：个人形象并不等于个人本身，而是他人对个人的外在感知，不同的人对同一个人的感知不会是完全相同的，因为它的正确性被人的主观意识所影响，因此在认知过程中在人的大脑中产生不同的形象。

相比起其他物种，人类对于自身外表的变化显得更加的敏感和在意，较热衷于修饰自己的外表和容貌，但在不同的文化里对美和丑的定义其实有相当大的差异。

个人形象的感知其实体现出个人的社会认知感，形象不仅是单单体现在衣食住行等方面。而是在社会活动以及社会交流过程中体现出来的自我认同以及认知自我的过程，那么这种个人形象自然是和心理活动有着密切的联系。维护在别人面前个人形象的原因体现在以下几个方面：首先个人形象反映着个人的素养，其次，个人形象能够客观的反应个人真实的生活状态，在此个人形象体现出交流过程中个人的意愿，最后，个人形象和工作有着直接的联系。所以，从上面的研究分析可以了解得到，个人形象既是个人发展的需求，也是社会发展对于个人的要求。

思想、行动与感情构成了你性格的三大基石。所以若要从具体的方面来改变你的个性，你还要在思想、行动与感情方面进行努力。你的外在表现，也就是你性格的特征，主要不是由当时当地的环境决定的，而是由你的内在思想创造的。你能否改变自己也主要不是由于别人是否对你进行了批评，而是你自己本身是否有改变自己的欲望。所以是你的思想创造了你本身，使你成为今天这个样子的。可能你没有意识到，但你仔细想想，是不是你怎么想就决定了你的性格？你为什么不被人喜欢呢？大概是你的想法不受欢迎。你为什么魅力四射呢？首先是你的想法，其次才是你其他条件的配合，使你引起了人们的普遍关注。有的人之所以无法成功，是因为他的想法使他难以成功。

别人通过你的行动——你的说话方式、你的做事方式、你的脸部表情——才能给你一个评判，才能使他们心中形成一个印象。行动是造就你魅力的关键，还因为只有通过行动你才能改善自身。通过很多小的行动、通过人格的训练、通过对自我行为的反思与调整，你就可以创造新的自我，使你自己变得更富有魅力。

魅力是别人对你的看法，他们通过你的外在表现、你的行动与思想，对你产生了喜欢以至某种带有神秘色彩的感情，所以魅力本身是一种感情。而别人对你的感情是与你对他们的感情高度相关的。如果你的感情特征是积极的、友善的、温和的、宽容的，那么你往往魅力大增；反之，你就会成为一个不受欢迎的人。所以，感情也影响了人性格的很大部分。

那么，什么样的人是富有魅力的人呢？什么样的性格造就魅力呢？西方心理学界提出了一种说法，称为"令人愉悦的个性"。如果你拥有令人愉悦的个性，你往往会使自己的魅力大增。并非所有的性格都是令人愉悦的，有很多性格令大部分人感到不喜欢、讨厌，甚至是难以容忍。比如人们一般不喜欢消极的、极端化的性格特征，人们对报复性的、敌意的性格特征更是感到厌烦，但一般人们都喜欢富有热情的、积极向上的、友善的、亲切温和的、宽容大度的、富有感染力的性格。所以，如果你能够培养起为大部分人所喜欢的正面性格，那么你成功的可能性就大大增加了。

一般地说，令人愉悦的个性包括以下两种正面的性格特征：

1. 富有热忱

很多人不能成功是因为他们缺少热忱，他们缺乏对人、事、物的热情关注，甚至对成功也缺乏热忱，这样他们当然无法成功。你考虑一下：你是否对某些事情充满热忱？你是否特别关注于某个学科？你是否希望在某个领域有所建树？是否有些问题在不断地吸引你的注意力？你是否由于事情本身就会全身心的投入其中？如果你不是这样的，那么你就要改进，你要记住：一定要培养自己的热忱。如果你是这样的，那么你就是一个潜在的成功者。

在交往中，每个人都喜欢谈论自己所擅长的东西，展现自己的魅力所在。所以你与他人友好交往、建立良好人际关系的前提是尊重并倾听他人所谈论的话题，因为这些话题往往更能体现他的优势与价值，但这对你来说，往往又是个汲取知识的大好时机。你要对任何人感兴趣，而不只是在你现在看来重要的人物，而且最好能一直保持下去。如果你无法做到这一点，那么你在其他方面的优势就要大打折扣。你真正的注意别人，比对他说些恭维的话要来得有效果。你要学会去关心别人正在做的东西，这对他人来说，意味着你很重视他的工作与成就，而这对你本身来说就是一个学习新知识的机会。

培养热忱的一个重要方面是对事物的兴趣。但如果是你本身缺少热忱，这就是一个更大的问题了。你一定要培养对事情的热忱。当你每天起床的时候，你是怎么想的呢？"新的一天开始了，我又可以做更多事情了。我很高兴。"还是"一天又开始了，又要去上班了。真烦！"如果你长期保持第二种状态，你的成功几乎就没有什么希望。你之所以讨厌上班，可能是因为你不喜欢你现在的工作，也可能你完全缺乏做事的热忱。如果是第一种情况，你就应该换个喜欢的、能调动你热忱的工作了，即使新的工作给你带来的直接收入要少，你还是要这样做，因为你会在这样的工作职位上不断长进，直达成功。

除此之外，对事物的热忱往往还有助于你激发其他人，使他人觉得你是一个精力充沛、充满活力的人，这也可以极大提升你的形象与魅力。所以拿破仑·希尔经常告诫人们，"要控制你的热忱"。热忱是令人愉悦的个性的一部分。热忱可以改变你的人生。

2. 亲切随和

很多关于领袖魅力的书籍都强调神秘感与保持威严，这有一定道理。威严固然令人肃然起敬，但亲切随和更令人喜欢。因此，在某种程度上，这种说法更适合一个等级社会或专制社会。随着社会的演进、教育的普及、身份的平等化，这种个性成功的可能性越来越小。而在一个较为自由的社会，让他人喜欢你远比让他人敬畏你更有价值。让别人喜欢你，可以为你带来合作机会，为你带来一笔交易，为你带来商业利益。但让别人敬畏你，能给你带来什么呢？

保持一个良好的形象是为了别人，更重要的是为了自己，使自己处于最佳状态。

你是你心中的自我。如果你的外表使你觉得自己低人一等，那么你就会低人一等；你的形象使你觉得渺小，那么你便会变得渺小。形象良好，则你的思想和行动都会受到良好的影响。

走向高层次，这是你做任何事情时都应遵循的规律，包括你到商店买东西时也一样。许多人因在花钱上斤斤计较想占小便宜，而吃了大亏。

这样的例子很多。如一个人因雇用了一个低薪水的会计，结果财政上出现了漏洞；也有人因找一位收费低的医生看病，结果得到的是完全错误的诊断；还有人因修房子、住旅馆、购买货物时图一点小便宜而吃了大亏。

有人会说："我哪买得起那些昂贵的东西呀?"对这个问题，回答很简单，你更付不起"贪便宜吃大亏"的代价。从长远来看，昂贵、高档的商品当然要比廉价低劣产品更有价值。商品应贵在精，而不在多。例如，买一双高级皮鞋要比 3 双一般质量的皮鞋更合算。从这个角度看，买一流质量的产品所花的代价并不比二流产品花费的大，相反，往往更小。

用高级商店包装纸包着的东西，看上去十分精致美观。价格昂贵的香水，香味高雅。使用最好的产品，你就会觉得自己伟大起来，在不知不觉中充满了自信。

如果总是穿得破破烂烂的，心情便自然低沉。充满生气的人总是打扮得十分考究，衣着整齐；没有生气的人则不修边幅。有一点奢侈的思想并不是坏事，使用最好的东西可增强人的自信心。

刚开始你可能会感到有点儿不舒服，不过只要不断检查自己并及时调整，这种良好的姿势就会成为你自然的姿势。

良好的体态和姿势对你来说也很重要：

一是良好的姿势增强活力，不良姿势却消耗能量

良好的姿势使你显得更年轻、热情而有活力，这正是主管们雇人或提拔人时所考虑的因素（如果有两位同样资历的申请者申请同一份工作，那位头脑清醒、机警灵活并且生气勃勃的，必然会占有先机）。

二是良好姿势使体内各器官协调和谐，确实增进身体健康

这有许多好处，防止胸部内凹压迫肺脏，引起呼吸及血液循环不良，就是其中之一。还有其他许多好处。事实上，整个办公室家具业厂商已经迅速地注意到了使桌椅的设计符合人们追求良好姿势的要求。

三是良好的姿势会使音质优美

因为空气能完全不受任何限制进出肺部，使你讲话的声音洪亮、和谐，因而更有力量。

四是良好的姿势会让人自我感觉良好

如果保持良好的自我感觉，在别人眼中看来也显得健美（你的腰围看来减少了5厘米）。

不良姿势使你显得懦弱、温吞而无力。有许多人穿上挺帅的西装，打着高级的领带，而仍让人看起来是无能的人。问题不在于你穿戴什么，而在于如何穿戴。

曾经有人说，凭借一个人的脚步声就可大体判断出他的性格属于哪一种类型：是坚强还是软弱？是外向还是内向？是稳重还是轻浮？不仅如此，通过观察他走路的姿态，可进一步对其性格加深了解。每个人每天都要走路，他的性格、特征就会不知不觉地在他的步履中显露出来。所以，是积极还是消极地对待人生，只要看他走

路的姿势就可知其大概了。

在街上看到一个弯腰驼背低头走路的人，你肯定不会认为"真精神啊！"你会想："看他那样子真可怜，准有什么苦恼"，并对他抱有同情。而当你看到那些昂首挺胸走路的人时，又会想："这个人生活很充实，真叫人羡慕啊！"

如果你很消沉，那就要抬起头，挺起胸，一步一步脚踏实地向前走，久而久之就会成为一种习惯。一旦这种形态进入你的潜在意识，你便会产生勇气。如果你能习惯这种走路方式，你就能排除外来干扰，从而信心十足地走向人生的成功路。

青年人应当明白：拥有魅力在无形中已建立了你的竞争优势，你给了很多人以深刻的印象，那么自然与他人建立合作的可能性也增加了。同时，你往往能做到更有效率地协调人际关系，影响力更大，更容易给对方留下难以磨灭的印象。有魅力的人往往在成功的道路上比较顺畅通无阻。所以培养你的魅力，使自己成为有魅力的人是你走向成功的重要一课。这就叫"魅力资本"。

你可能会为一个才华横溢的人所折服，你可能会为一个妙语连珠的人所折服，但你更可能对一个性情温和、充满宽容与友爱之心的人留下深刻的印象。所以，构成一个人魅力的最为核心因素往往不仅仅是天赋与才华，更重要的是一个人的性格、一个人的个性。

谈到性格或者个性，往往很多人就感到失望，因为他们认为个性或性格是非常难以改变的东西，所以要通过个性的培养成为一个有魅力的人其实很困难。这种说法有一定道理，但不全对。改变你的个性是很难，但不是没有可能。如果我们以积极的心态来面对这个问题，那么我们就不会认为这一切是不可改变的。如果你朝着改变自我的方向上不懈努力，那么你终究会成功的。

　　如果我们能去抵抗这已形成的性格，就能够创造出新的个性。但大部分人的想法，首要的理由是不想改变自己。人就是这样，都希望自己成为精力充沛、充满理想、信心十足的人，都想成为极富魅力的人。但很少有人真正地在这个方面进行努力，因为人们常常满足于现状，一遇到改善自我的这种新想法时，就会无意识地保护自我。几乎大部分人，都想学习有魅力的个性、都想成为有丰富思想的人，但他们又往往采用旧的习惯而不愿有所改变。这是因为已有的性格往往根深蒂固，积习难除。威廉·詹姆士说："人希望自己所处的状况更好，却不想去实现。因为，他们被旧我束缚着。"

　　又有很多人希望并有勇气去改变自我的个性，但他们不知道该怎样去做。很多人希望变得更有魅力，但他们往往不知道怎么做。一般来说，每个人的个性都是在成长的过程中形成的。每个人的个性都由一个个细小的方面构成。你怎么说话；你怎么对待他人；你在饮食、睡眠方面有什么样的习惯；你怎么对待不同的意见；你喜欢什么样的生活方式；你在商业行为中习惯扮演什么样的角色；你是否总是露出微笑等，这一切的综合就构成了你丰富的个性。既然你的个性是由很细小的方面决定，那么如果要改变的话，也要从每个具体的方面开始。如果从明天开始，你能使你自己的说话方式变得更温和，使你自己的饮食更有节制，使你自己对别人更有热情，并且持之以恒，那么你的旧个性就会逐渐地消磨掉，而更具魅力的新个性就会形成

　　个性有瑕疵的人并非一无可取、不可救药。许多事例验证了这一点。有些卓越不凡幽默风趣的人，原来可能是个孤僻、难以相处的人。他们通过灵活运用自己的长处，同时克服自己个性中的缺点而获得成就。要想克服个性中的缺点，先要分析自己的个性。同时

了解优良个性的特征，以便朝那个方向努力。

（六）素质构成人格，人格决定素质

人格主要是指人所具有的与他人相区别的独特而稳定的思维方式和行为风格。人格是指一个整体的精神面貌，是具有一定倾向性的和比较稳定的心理特征的总和。人格是法律上做人的资格，是自然人法上的概念。是自然人主体性要素的总称。人格在法律上不得转让和剥夺。那么，素质又是怎样定义的呢？

在社会上，素质的一般定义为：一个人文化水平的高低；身体的健康程度；以及家族遗传于自己惯性思维能力和对事物的洞察能力，管理能力和智商、情商层次高低以及职业技能所达级别的综合体现。

素质其本源为沟通的层次和传达的印象品位，分专业素质和社会素质。

人与人沟通又被分为同层次沟通、跨层次沟通；单向交流、单对群交流；发展性交流、倾盖之交、利益之交；泛泛而谈，群起攻之；鸿儒之口、威逼利诱等更多。

人的素质包括重量素质、心理素质和文化素质。素质只是人的心理发展的生理条件，不能决定人的心理内容与发展水平，人的心理活动是在遗传素质与环境教育相结合中发展起来的。而人的素质一旦形成就具有内在的相对稳固性的特征，所以，人的素质是以人的先天禀赋为基质，在后天环境和教育影响下形成并发展起来的内在的、相对稳定的身心组织结构及其质量水平。那么，如何提高自身的素质呢？

第一，必须自信，在接纳自己的基础上"美化"自己。也就是你一定要先对自己满意，欣赏，用爱来呵护自己，热爱自己身体的每一部分，热爱自己的风格。当你接纳并喜爱自己时，你的身体就会从内心深处绽放一种美丽，会使你无论身处何种场合，面对多少人，都从容不迫，大方得体，潇洒自信，当然被别人所接纳，喜欢，也会无形中增添你的气质魅力！

第二，要多读书，提高自己内在的修养。有人提出人生三境界："读万卷书"即读有字之书，第一境界也——读哲学书籍，可以培养大气；读专业书籍，可以培养才气；读休闲书籍，可以培养灵气。"行万里路"即读无字天书，第二境界也——行旅游之路，可以扩大眼界；行探索之路，可以扩大世界；行助人之路，可以扩大胸界。"听万人言"即读人书，第三境界也——听苦难之言，可以磨砺意志；听幽默之言，可以磨砺情志；听褒贬之言，可以磨砺心志。把这三境界运用到日常生活以及社会交往之中去，这样您的气质和修养也就会自然而然的表现出来。比如多接近一些气质好的人并与他们交朋友；多参加一些集体娱乐和体育锻炼活动；自觉给自己创造一些培养自己优雅大方、步履轻盈、愉悦快乐的环境。这些都属于读书的范畴。

第三，接纳自己的外貌，对他人爱护和关心。每一个人在性格或外貌都有着独特的气质和优点，也对他人有着吸引力，所以我们要认识自己性格和外貌的优点，并加以运用和发挥，这样边便可以显示出您独特的魅力；一个人的是内在美源于心灵深处的爱——爱周遭的一切事物，关爱身边的所有人，我们也将会获得等价的回报。爱护和关心他人是最具吸引力的气质之一，你爱护和关心他人的行为表现，别人将会为此种气质而折服。

第四，要显露自己的真实情绪，保持幽默感。一个人的真实自我表现别人容易接受和接纳，所以无论什么样的喜怒哀乐、柔情蜜意都应该适时适当的加以表达，一个经常压抑、掩藏情绪的女子，是会被别人视为冷漠无情的！同时还要学会幽默乐天的性情，懂得在适当的场合和适当的时间展露笑容或开怀大笑，这样就一定能受到别人的欢迎。

第五，要心胸开朗，豁然大度，并适时向朋友求助。在社交中，不能因为别人与自己脾气不同，身份有异，就显示出不耐烦或瞧不起别人，也不要为一点点小事就大动肝火，斤斤计较，甚至在许多场合弄得大家都非常难堪而下不了台，这样会令人讨厌的，要心胸开朗，豁然大度，落落大方，不卑不亢。有困难时，应该向朋友求助。朋友会因你向他们求助而感到他们的重要性，他们不但不会轻视您，反而会引为知己，对你更加喜欢。

人生天地间，证明自身存在价值的愿望可以说是与生俱来、与身俱灭的。成功不仅是个人的追求，同时也是家族的、朋友的、社会的共同期望。我们的老祖宗曾毫不客气地将成功分解为"立德、立功、立言"三项，称为"三不朽"。儒家的著名主张之一，便是"达则兼济天下"，鼓励人们积极入世，即为个人求取功名，又为社会提供服务。

有一句西方谚语，叫做"罗马不是一天建成的"，用来比喻人生的成功过程。本来嘛，青年孜孜为名，中年孜孜为利，老年孜孜为善，在人生的不同阶段，人们会有不同的追求，追求的实现过程与成功的体现过程同步。只不过成功在古人心目中，不仅意味着事业上的成就，还须蕴含着人生境界的提升，即使时乖运蹇，成功未能到位，个人修养方面仍然马虎不得，所谓"穷则独善其身"，说的便是这个意思。通常说长江后浪推前浪，今人定比古人强，多少有些一厢情愿。古人在渴望成功、取得成功的同时，不忘修身养性，并未把成功看得高于一切。今人则要现实得多，功利得多，为达成功目的，往往不择手段。古人推崇的宁为玉碎不为瓦全，在今人眼里，跟傻冒儿没什么两样。

还有一句西方谚语，叫做"条条大路通罗马"，说的是为了达到同一目的，可以采取不同的方法和途径，可惜有人不知其中奥妙，举手投足、一颦一笑都意在证明成功，难免欲速则不达，就像列宁所说，本意是想拜访真理，结果走进了真理隔壁的房间。现代文学史上有一些作家，刚步入文坛，便写出了一批在读者心目中有地位的作品。就是说，在他们没有刻意追求成功的时候，已经获得了令人瞩目的证明。随着新时代的到来，他们急于证明自己没有落伍，匆忙著书立说，结果他们后来写的东西，不要说没有人会看，连作者本人都不愿收入自己的文集，由著名的成功者变成了某种意义上的失败者。

学者也不例外，一批名扬域内，同时亦被外国学术界看重的学者，进入新时代后一如既往出成果者寥若晨星。回顾先辈学者的学术道路，不能不令人扼腕叹息：学者啊学者，不见学术成果，固然有来自客观环境、人际关系的制约，急于证明的心态恐也难辞其咎。相反，倒是崇奉"独立之精神、自由之思想"的陈寅恪，甘当不成功者，不求闻达，甘于寂寞，双目虽然失明，学术研究却没有中断，其人品文品，皆令人叹服。近年来关于陈寅恪的书籍已有数种，多能引起世人关注。

与其说这是对一代史学大师"迟到的理解"，毋宁说也是对一种人生成功方式的肯定。

在崇尚成功的年代里，成功人士频频出没于大众传媒，成功诀窍充斥坊间的大小书摊，成功传奇成为普通大众的茶余谈资。但成功究竟意味着什么，大约不会有一个人人赞同的答案，更何况一些今人认同的成功者，在他们生前甭说别人，连他们自己都不会说自己是个成功者。现代主义大师卡夫卡，按理是个成功者，可他生前，论事业，至死不过是一家专利局的小职员；论家庭，连个媳妇也没娶上；论寿命，不过活了41年。还有绘画大师凡·高，现在存世拍卖价格最高的画作，头几名依然非他莫属；无论从美术史或商业价值上说，他都是个成功者，可有多少成功者会先是割下自己一只耳朵，而后又在麦田里用拿惯了画笔的手对自己扣动扳机呢？可见后世认同的成功，未必符合成功者的当时情形。

如果不通过努力谋求成功，人们可能会感受到"生命中不能承受之轻"，混同于自然界其他生物，自生自灭，枉担了"万物之灵长、宇宙之精华"的虚名；如果刻意追求成功，甚至抱有"不成功便成仁"的信念，就会时时体验着"生命中不能承受之重"；最想扮演的角色要么是婚礼上的新娘，要么是葬礼上的死者，错把忙碌当成充实，生活形式远远大于内容居然浑然不觉。此类成功，难说是真正的成功。

在一种浮躁的社会背景下，想保持心态平衡，无怨无悔，是颇有难度的。渴望成功没有错，对成功不必"举世皆浊而我独清"，但实践已经证明，急于证明成功，不是成功的惟一表达方式，也不是最好的表达方式。渴望成功者，宜三思而后行。

人生在世，总会遇到许多不平等或不公正，但无论身处顺境还是逆境，无论是面对将军还是士兵，每一个人在人格上却都是平等的。这也恰恰是生活的公平。

从这个意义上讲，这个世界其实并没有什么卑微，却有卑鄙；也不存在什么高贵，却有高尚。然而，有些人总想千方百计制造尊卑，有些人也偏偏习惯于逆来顺受。

于是，才有了这个世界上的并不为少的或狂妄或自卑的悲剧。

人所受的伤害莫过于心灵的伤害；所受的摧残最大莫过于精神的摧残；所受的侮辱最大莫过于人格的侮辱。但人格并不是随便就可以侮辱得了的。人格，其实就是自己对自己的评价与塑造。

在霍桑那部著名的小说《红字》里，海斯特·白兰虽因通奸罪而被戴上标志耻辱的红"A"字示众，但是由于她处处为别人做好事，同样是那个红"A"字，几年后在人们心目中却成了品行和人格的标志。

是的，不是所有的敌视都必须用敌视回敬。人格是金。人格的光辉是任何邪恶、任何势力都无法使其泯灭的。

当然，自卑并不就是对人格的贬低，但自尊却一定是对人格的提升。

自尊并不排斥自卑。一个有着深刻自尊的人，往往也含有过深刻的自卑，只不过有人善于把这种自卑化解为一份自尊的动力罢了。自卑总是在心里与别人比较，越比越觉得自己渺小，越比越容易失去自己。自尊却不然。自尊并不要求你胜人一筹，自尊只希望你做得比自己认为可能达到的更好。自尊，是一个人灵魂中的伟大杠杆。

"要穷，穷得像茶，苦中一缕清香。"这是自尊。

"要傲，傲得像兰，高挂一脸秋霜。"这也是自尊。

自尊与虚荣不同。自尊是对自己负责，追求的是踏实。虚荣是为自己化妆，追求的是浮华。自尊与清高临界。一个人身上如果没有些清高，那他也许很难始终保持住自尊；但一个人如果太清高了，清高到居高临下俯视人生的程度，那么他不是导致虚无便是变得"假圣人"般的虚伪。因此说，人不可有傲气但不可无傲骨。

自尊是骨子里的，骨子里没有，你是怎么也装不出的。以自尊获得他人尊重，是魅力；以尊重他人获得他人尊重，是理解；而想以乞求得到他人尊重，则是愚蠢。尊重别人也尊重自己。学会尊重别人，需要的是理解和宽容；学会尊重自己，有时还需要耐得住寂寞，耐得住清贫。所以说："人淡如菊自高洁。"所以说："人必先自爱而后人爱之，人必先自助而后人助之。"如果自尊是根，那自重、自爱便是它沉甸甸的果实；如果自尊自责、自爱是构筑人格的基石，那自强、自立便是人格向上发展的阶梯。社会在不断地进步，但无论人与人之间怎样的温暖与友爱、体谅和理解，灵魂的支撑点却永远在于自己。

一个总是为功利所累、为名声所累、为名誉所累以致失去自尊的人，不是人格的扭曲便是出卖整个人格。可悲的是有人明明懂得这一点，却禁不住花花绿绿的世界的诱惑。

由此，不能不想起陶行知老先生的一句话："学做一个人。"人格总是在关键时刻展现，但人格的形成却是在平凡的日常生活中。一个人可以平凡，但不可以平庸；可以做凡人，但思考则要学习伟人。

道理实在很简单，就像"竿越高，你跳得也越高"一样，一个人只要有勇气、有自信，把自己面前的横竿每天清晨都提高一节，那么，你人格的提升也就是必然的了。

（七）人格素质助你实现人生"蝶变"

"蝶变"又叫蜕变，指像毛毛虫等变态发育的昆虫在丝茧中经过一个不食不动的阶段而变形为成虫的过程。同时也可指极端的变化，一般指在蛰伏中向更好或更完美的方面极大蜕变，类似于毛虫在蛹中完成成为蝴蝶的过程，破茧的一刹那就称作"蝶变"了。

引申：

在人的经历中，经历过了痛苦和磨难的进步也称为蝶变，或灵魂的升华。由于人格具有一定的独特性，所以蝶变是一个坚定的过程。

人格"蝶变"的独特性是指人与人之间的心理与行为是各不相同的。由于人格结构组合的多样性，使每个人的人格都有其自己的特点。在日常生活中，我们随时随地都可以观察到每个人的行动都异于他人，每个人都各有其需要、爱好、认知方式、情绪、意志和人生观。

我们强调人格的独特性，并不排除人们之间在心理与行为上的共同性。人类文化造就了人性。同一民族、同一阶层、同一群体的人们具有相似的人格特征。文化人类学家把同一种文化陶冶出的共同的人格特征称为群体人格或众数人格。例如，许多研究表明，由于受传统儒家文化的影响，世界各地的华人都有不少相同的人格特征。但是，人格心理学家更重视的是人的独特性，虽然他们也研究人的共同性。

以下几点为人格蝶变时的特征，希望能够更好得帮助大家。

第一，交流是关于外部事件的。感情和个体意义并非"自己所有的"。亲密的关系被解释为是危险的、思维刻板的、非个人的、分离的不需要使用第一人称的代名词。这个阶段的来访者僵化固执地对待个人的感受，对自己的经验或者视而不见或者习以为常，因此没有改变的愿望，不会主动地寻求心理咨询。

第二，关于非自我这一主题的表达开始更加自由地流动。感情可以被描述但不能够被拥有。理智化。描述行为而不是内在的感情，可以表现出更大的兴趣和参与治疗之中。这是一个在理想的治疗条件下，来访者能够产生被接受的感觉，使一个"有所动"的阶段。但个人建构仍然相当僵化，把自己主观的感受当成事实。罗杰斯认为这一阶段的人来寻求心理咨询的人不少，但咨询的成功率不高。

第三，描述个人对外部事件的反应。这个阶段最大的特点就是把自己当作一个课题来对待。有限的自我描述。交流过去的感情。开始认识到经验中的冲突。来访者能够流露和释放一些其它的东西，但是他仍然将自己当作一个客体来对待。罗杰斯认为，大多数人初次来寻求帮助的来访者就处于这样一个阶段，而且这个阶段在整个治疗过程里占的时间比较长。

第四，描述感情和个体经历。开始体验当前的感受，但当进行体验时则对此感到恐惧和不信任。"内心生活"被展现、列出或描述，但并不是有目的地探究。来访者的感受更强烈、更生动，对经验与自我之间的矛盾和不一致之处有所认识。此时，他对感受还不能开放地接纳，但是又流露出接纳的意思。总之，来访者处于"向前走"，又怕"向前走"的状态。

第五，表达当前的感觉。感情自主权不断增加。不同的感情和意义更为准确。以一种个体化的方式来对问题进行有目的的探究，在此基础上加工感情而不是推理。来访者可以自由地表达自己的感受，并能够体验到；但在体验核接纳自己的感受时，仍然有点迟疑。他能够面对自身体验的矛盾和不一致之处，并意识到自己的责任。这个阶段，个体对自己的个人建构有更多的自觉，并不断地检验它们。他内心的活动更自由，其意识反映更准确。

第六，一种"内心所指事物"的感觉，或者是生命自身感情的流动。"心里放松"，诸如眼睛湿润、流泪、叹息或肌肉放松，同时伴随着感情的释放。运用现在时讲述或主动对过去进行生动的陈述。来访者的感觉能自由地流动，并被即时接受。自我和感受不再分开，而是合为一体。不过，当事人偶尔会回到上面那一阶段。这就是所谓的过程性。

第七，与某一论题有关的一系列感觉。自我内心活动中的基本信任。直接经历的感情和细节的丰富性。以现在时流畅地讲话。一旦达到第六阶段，当事人所取得的进步几乎是不可逆转的。所以，即使结束治疗，在咨询室外也可以发生改变。在这个阶段，来访者所达到的状态就是前面所讲的心理咨询的目标——人格是怎样形成的？人格是在遗传与环境交互作用下逐渐发展形成的。人的气质、智力等成分，更多的受遗传因素的影响；人的性格、价值观等主要取决于后天的教育、训练或环境影响。我们要讲的努力完善人格，主要是着眼于后天的环境影响、学习和训练的作用。

青年后期与成年之后，人格的基本特征已经基本大体形成，并趋于稳定，要使其更加完善，首先需要自省对自己的人格特点有个基本的了解或认识，客观地分析一下自己的人格特征、特别是性格特点方面，具有哪些优点，存在哪些不足，需要作哪些改善。在这个基础上，采取适当的措施，在工作和生活中力求自己的人格日趋完善。

了解大多数人眼中的自己的人格是什么样子，从得到的反馈信息中总结自己人格方面的缺陷，逐步加以改善。古罗马著名学者西塞罗所讲的人格的含义是：一个人表现在别人眼中的印象，以及在生活和工作中扮演的角色，表示人的尊严和优越。——更能充分发挥技能的人。

总之，人格的"蝶变"是一个相当漫长的过程，需要长期的不懈努力，积极把握自己，观察周边事物，你的人格素质一定会更上一层楼！

第二章　高度智慧的人格魅力

　　智慧（wisdom，wit）：对事物能迅速、灵活、正确地理解和处理的能力。依据智慧的内容以及所起作用的差异，可以把智慧分为三类：创新智慧、发现智慧和规整智慧。创新智慧，可以从无到有地创造或发明新的东西。如策划、广告、设计、软件、动漫、影视、艺术等都属于创新类智慧产业的范畴。智慧已是人们生活实际的基础。

　　是由智力体系、知识体系、方法与技能体系、非智力体系、观念与思想体系、审美与评价体系等，多个子系统构成的复杂系统。包括遗传智慧与获得智慧、生理机能与心理机能、直观与思维、意向与认识、情感与理性、道德与美感、智力与非智力、显意识与潜意识、已具有的智慧与智慧潜能等等众多要素。

　　在北美阿拉斯加的茫茫荒原上，生长着一种老鼠，以植被为食，繁殖力极强。但当种群繁殖过盛以致会对植被造成严重危害的时候，其中一部分成员的皮毛就会自动变成鲜亮耀眼的黄色，以吸引天敌捕食的目光；倘若天敌无法使鼠群减少到适当的数量，老鼠们便会成群结队地奔向山崖，相拥相携，投海自尽。同时，这块土地上还养育着一种狐狸，以鼠为生，是这里老鼠的天敌，但它们对老鼠的捕食也并非无所节制，当鼠群减少、狐群增加而严重威胁鼠群繁衍的时候，狐狸们便会采取行动，限制种群的发展：一部分成员会聚集在一起，疯狂地、不间歇地舞蹈，夜以继日，直至力竭气绝而死。

感悟：老鼠和狐狸的行为应该赢得我们人类真正的理解、同情、尊重和敬意。由于自身的原因，我们人类之间要达到理解、同情和尊重甚至难乎其难，遑论对自然界及动物界。人类曾为自己远离自然界的进化而荣耀，曾为自己成为这个星球上绽开的最灿烂最美丽的精神花朵而自得，更为自己以理性的铁蹄征服自然而豪情万丈。在上述动物的行为面前，我们人类应该感到汗颜和愧怍，应该有罪恶感，应该反躬自省。作为自然界的创造物，人应该融入自然、适应自然，而不应该破坏自然、违背自然。

有两只蚂蚁想翻越一段墙，寻找墙那头的食物。一只蚂蚁来到墙脚就毫不犹豫地向上爬去，可是每当它爬到大半时，就会由于劳累、疲惫不堪而跌落下来。可是他不气馁，一次次跌下来，又迅速地调整自己，重新向上爬去。另一只蚂蚁观察了一下，决定绕过墙去。很快地，这只蚂蚁绕过墙来到食物前，开始享受起来；而另一只蚂蚁还在不停地跌落下去又重新开始。

感悟：要实现一个远大的理想或达到一个奋斗目标，除了不懈地追求、积极地进取，不怕苦不怕累，勇于付出辛苦的汗水以外，还要注意拼搏的方式或手段，运用正确的方法、方式就会事半功倍，轻松地步入成功的殿堂；根本不讲求方法、方式，就会事倍功半，甚至与成功失之交臂。这就是智慧。

（一）自知无知是最大的智慧

已知就是圈内，未知就是圈外，人越有学问，人的圈越大，圈大意味着人的已知越多，已知越多边界越长，边界外头就是未知。所以越有学问的人感觉自己越所知甚少。

　　苏格拉底（前469—前399年）被誉为希腊哲学之父，也是一个人格极其高尚的人。公元前399年，他被雅典人以渎神和危害青年等罪名判处死刑。在判决前的法庭申辩中，他当着许多听众讲述了这样一个故事：有一次苏格拉底的朋友凯勒丰来到了雅典的德尔斐神庙。这是一个雅典人供奉太阳神阿波罗的地方，凯勒丰问神一个问题："世界上有没有比苏格拉底更有智慧的人？"神庙里的女祭司告诉他：没有。他把这个答复告诉了苏格拉底，苏格拉底百思不得其解，因为他明明知道自己并不是什么最有智慧的人啊！他也知道，在很多领域世界都有人超过了他。那么，究竟为什么神会说苏格拉底是最有智慧的人呢？为了得到对这个问题的答案，苏格拉底遍地寻访，求教于那些被公认为很有智慧的名流。结果却令苏格拉底大失所望，因为他发现这些人虽然一方面确实在一些重要领域超过了苏格拉底，但是另一方面却多半认识不到自己的局限性，他们往往会因为自己某个方面的成就而误以为自己无所不通，无所不能。

　　最后，经过多番思考，苏格拉底很沮丧地得出：如果"苏格拉底最有智慧"的神谕正确的话，那么只有一种可能，那就是：在神面前，苏格拉底与那些名流贤达同样的无知，区别仅在于：苏格拉底承认自己无知，而后者却不承认。所以苏格拉底强调，真正的神谕应该是，"人们啦！……发现自己的智慧真正说来毫无价值，那就是你们中间最智慧的了。""认识你自己"，早已成为苏格拉底的一句名言。甚至到临死前，苏格拉底也不忘利用一次机会教育人们，不要妄自尊大，要学会认识自己的无知。苏格拉底自己说，他的母亲是个助产婆，他就是一个精神上的助产士，帮助别人产生他们的思想。

　　能够大胆承认自己的无知，有时确实非常困难。特别是日常生活中，有时候，我们不知不觉中已经习惯于认为自己是世界上最独特的，自己就是比别人强。尽管身边的人未必都承认自己，但是我们内心里并不服气。有些人以一技之长而傲视他人，有些人因容貌佼好而小看同侪，有些人以家庭背景自我标榜，有些人自认为潜力巨大而过于自信，有些人靠耍小聪明而自以为是，有些人因小有成就而刚愎自用……

　　在人生的道路上，如果我们成天陶醉于自我的"独特之处"，自然不会有真正的自我反省。因为我们身上的很多毛病，在一种自以为是的心态支配下，是不可能得到真正的认识的。这也会使我们在遭遇挫折或失败时，有时会气急败坏地责怪别人。由此，我们就能理解，为什么苏格拉底会发现，那些最有成就的人们不愿承认自己的无知。他们可能平时就很在意自己的名声、地位和价值，把自己看成比别人更成功、更高贵或更有价值。所以这时候，如果有人敢向他们挑战，就会深深地激怒他们。这也是苏格拉底惹恼了许多当时的贤达名流，以至于丢掉性命的重要原因。但是，苏格拉底的话确实也指出了人性的某种共性，那就是自我中心和妄自尊大的本性。如果我们不能有意识地反省和克制自己，完全可能成为这种本性的奴隶。这正是自省的重要性所在。让我们记住《格言联璧》中的一句话吧：盖世的功劳，当不得一个矜字；弥天的罪过，最难得一个悔字。

　　一直以来，哈佛大学都是全世界众多学子向往的一流学府，能够在那里学习的学子必定是凤毛麟角，可是总有一些自以为是的学生，他们习惯揣摩别人的心理，对别人了如指掌，对自身的能力却没有全面的认识。哈佛大学的教授们总是善意地提醒他们说："认识你自己，为你的无知而求知。因为只有自知的人，才能知晓他人。"

对于"自我认识"这个话题的探讨，可以追溯到公元前 2000 年：特尔斐被认为是迄今最古老的城市，它建于帕纳索斯山脉的斜坡上。阿波罗神庙是这座城市里最受敬仰的神庙之一，在这座神圣的寺庙的墙壁上写着七位圣贤的箴言。其中有一条就与自我反省和自我节制有关，它就是"认识你自己"。古希腊哲学之父苏格拉底甚至将它作为自己一生的座右铭。

"自我认识"是我们达到身心平衡的关键。当我们还很年轻的时候，我们就已经开始在了解自己。随着年龄的增长，其中的一些成为了我们个性的一部分，而且难以改变，而我们总是随着生活的变化而变化。基于这个原因，自我认识是一个永无止境的过程。

哈佛大学第 22 任校长洛厄尔曾经说过："认识自己能够做什么固然重要，但认识自己不能做什么更为重要。"在一次演讲中，他给学生们讲述了这样一个故事。

罗斯福小时候是一个十分脆弱和胆小的学生，在学校课堂里总显露出一副惊惧的表情。有一次，老师让他在课堂上背诵一篇课文，他从座位上站起来，呼吸就好像喘气一样，双腿发抖，嘴唇也颤动不已，背诵起来含含糊糊、吞吞吐吐，最后只能在同学们的哄笑声中颓然地坐下。由于牙齿的暴露，罗斯福并没有一张英俊的面孔。同学们也因此常常嘲笑他，说他的牙齿可以用来挖地瓜了。

小小年纪的罗斯福变得很敏感，他通常不会参加同学间的任何活动，不喜欢交朋友，成为一个只知自怜的人。然而，罗斯福虽然有这方面的缺陷，但却有着奋斗的精神——这种精神仿佛是每个人天生就具有的。事实上，缺陷促使他更加努力奋斗。他没有因为别人对他的嘲笑而失去勇气，他喘气的习惯变成了一种坚定的嘶声。他咬紧自己的牙使嘴唇不颤动从而克服了惧怕心理。

罗斯福比任何人都更了解自己，他清楚自己身体上的种种缺陷。他从来不欺骗自己，认为自己是勇敢、强壮和好看的。他用行动证明自己可以克服先天的不足并能获得成功。

只要是他能克服的缺点，他就一定要克服；不能克服的他便加以利用。通过演讲，他学会了如何利用一种虚假的声音，掩饰他那无人不知的龅牙。他裹着毯子、坐着轮椅进行"炉边谈话"的样子，令民众再也记不起他以前那打桩工人般的姿态。虽然他的演讲中并没有任何惊人之处，但他不因自己的声音和姿态而遭失败。他没有洪亮的声音或是威严的姿态；他也不像有些人那样具有惊人的辞令，然而在当时，他却是人们眼中最出色、最有力量的演说家之一。

罗斯福在面对自己的缺陷，并没有退缩和消沉，而是充分、全面地认识自己，在意识到自我缺陷的同时，正确地评价自己，为自己的无知而求知，在困境中抗争，不因缺憾而气馁，甚至将它加以利用，变为资本，变为扶梯，从而登上名誉的巅峰。同样的，对于青少年来说，要发现自己的缺点，就必须进行深刻的自我剖析。剖析，不单单是找出优点、肯定成绩，更关键的是要把自我剖析的手术刀伸向心灵的深处，对心灵进行忏悔式的追问：我的缺点到底在哪里？明天我将如何努力？哈佛有一句格言说得很好：一个目光敏锐，见识深刻的人，倘又能承认自己有局限性，那他离完人就不远了。

自知自己无知，是明智的生活和学习态度，是智者的治学方式，是平常人的基本生活认知。在浩瀚的知识海洋中，谁敢承认自己是最有知识的人，掌握了世界上所有的知识，成为世界上最有智慧的人。敢于承认自己是最聪明的人，算是一种莽夫之勇，贻笑大方之举。我们佩服人类敢于追求真知的勇气，佩服承认自己无知的明智之勇。

自知自己无知，是不执著于自己先前的认知，先前的认知一方面会促使人更快捷的接受新的知识，而在另一方面也会阻碍人们接受新思想、新观点。承认自己无知，敢于接受新事物、新思想。自知自己无知，是摒弃师于自己的成心之知，有些人做事做人，往往有种先入为主之见，从而闭塞了自己的视听，阻碍了真正了解他物的渠道。承认自己无知，是需要勇气的，但一旦承认自己无知，就会发现自己的生活别有洞天。

（二）知己者明

"认识你自己！"——这是铭刻在希腊圣城德尔斐神殿上的著名箴言。希腊和后来的哲学家喜欢引用来规劝世人。对这句箴言可作三种理解。

第一是人要有自知之明。这大约是箴言本来的意思，它传达了神对人的要求，就是人应该知道自己的限度。希腊人大抵也是这样理解的。有人问泰勒斯，什么是最困难之事，回答是："认识你自己。"接着的问题：什么是最容易之事？回答是："给别人提建议。"这位最早的哲人显然是在讽刺世人，世上有自知之明者寥寥无几，好为人师者比比皆是。看来苏格拉底领会了箴言的真谛，他认识自己的结果是知道自己一无所知，为此受到了德尔斐神谕的最高赞扬，被称作全希腊最智慧的人。

　　第二种理解是，每个人身上都藏着世界的奥妙，因此，都可以通过认识自己来认识世界。在希腊哲学家中，好像只有晦涩哲人赫拉克利特接近了这个意思。他说："我探寻过我自己。"还说，他的哲学仅是"向自己学习"的产物。不说认识世界，至少就认识人性而言，每个人在自己身上的确都有着丰富的素材，可惜大多被浪费掉了。事实上，自古至今，一切伟大的人性认识者都是真诚的反省者，他们无情地把自己当作标本，藉之反而对人性有了深刻而同情的理解。

　　一个灵魂在天外游荡，有一天通过某一对男女的交合而投进一个凡胎。他从懵懂无知开始，似乎完全忘记了自己的本来面目。但是，随着年岁和经历的增加，那天赋的性质渐渐显露，使他不自觉地对生活有一种基本的态度。在一定意义上，"认识你自己"就是要认识附着在凡胎上的这个灵魂，一旦认识了，过去的一切都有了解释，未来的一切都有了方向。

　　人人都在写自己的历史，但这历史缺乏细心的读者。我们没有工夫读自己的历史，即使读，也是读得何其草率。

　　第三种理解是，每个人都是一个独一无二的个体，都应该认识自己独特的禀赋和价值，从而实现自我，真正成为自己。这种理解最流行，我以前也常采用，但未必符合作为城邦动物的希腊人的实情，恐怕是文艺复兴以来的引伸和发挥了。

　　在一定意义上，可以把"认识你自己"理解为认识你的最内在的自我，那个使你之所以成为你的核心和根源。认识了这个东西，你就心中有数了，知道怎样的生活才是合乎你的本性的，你究竟应该要什么和可以要什么了。

　　然而，最内在的自我必定也是最隐蔽的，怎样才能认识它呢？

各种宗教有静修内观的功夫，对于一般人来说，那毕竟玄了一点。而且，内观的对象其实不是上述意义的自我，而是这自我背后的东西，例如，在佛教是空，在基督教是神。

我们觉得我们找到了一个认识自我的方便路径。事实上，我们平时做事和与人相处，那个最内在的自我始终是在表态的，只是往往不被我们留意罢了。那么，让我们留意，做什么事，与什么人相处，我们发自内心深处感到喜悦，或者相反，感到厌恶，那便是最内在的自我在表态。就此而论，知道自己最深刻的好恶就是认识自我，而一个人在这个世界上倘若有了自己真正钟爱的事和人，就可以算是在实现自我了。

所以，要想成功，必须要了解和认识自己。在这个世界上，每个人有着不同的缺陷，无须抱怨命运的不济，不要看自己没有的，要多看看自己拥有的，正确的衡量自己，就不会犯很多无谓的错误，就会接受和肯定自己。

（三）知人者智

了解自己的人很聪明，同样，了解别人的人也很有智慧。

中国文化渊远流长，博大精深，从先秦时期的"百家争鸣"，到汉代道教的兴起、佛教的传入，最终形成了中华文化中"儒、释、道"三家并立的局面。三家之论，各有所长，各有专攻。但是，如果用理性而审慎的态度去推究我中华民族古老哲学那最为璀璨的智慧本源，还是要首推那以"黄老"为尊的道家的哲学体系和思想。为何一个与世无争的自然拥趸今日突出此大言谬断，诸君小憩，听我细细推说。

我们先来看释家佛教。佛教始生于印度，后经达摩传至中土，实非起始于我华夏大地的本土性哲学体系。而中土有佛教之后，初始的几百年来受众也并不见广泛，唯有当因六祖现世而成禅宗一派后，教义方得以真传，经久不衰。为何？禅宗对道家哲学的兼容并蓄应是根本原因。这在诸多的禅宗公案中可见一斑。至于有说是因为一些统治者私人喜好而导致了其被推而广之，也不为错，是因素之一。只不过，从内外本象来划分轻重和层次，就只能算作是非常次要的原因了。

再来看以孔孟为尊的儒家文化。儒家文化一直被视为是我华夏文明的砥柱和基石，之所以成就如此，最主要是缘于其与统治阶层实现了紧密的联系和结合。儒家的观点和礼教，处处迎合了封建统治阶层治理国家、教化百姓的需要，从适者生存的角度来说，它逐渐成了流传最为广远的一门学说，也就是情理之中的事了。历史，都是统治者写的；文化，当然也是统治者倡导、支持和推行的。不过，原因只是原因，我这里绝没有要一棒子将儒家文化的光辉悉数抹杀的意思，儒家思想中那无数闪耀其中的人类智慧结晶，有如繁星之不朽。但有一点很有意思，如佛教演至禅宗方才光大一样，儒家哲学中那些最为耀眼之处，同样也是大多由道家文化演绎而来。所以，很多人以当年孔子曾问道老子为由，认为儒家思想是来源于道家思想，也不能不说是有的放矢之言。本文标题就是个例子，"知人者智，自知者明"曾多次出现在儒家创始人孔子的文献中，而始作俑者却是道家的鼻祖老聃，原文在《老子》第三十三章中记载如下："知人者智，自知者明。胜人者有力，自胜者强。知足者富。强行者有志。不失其所者久。死而不亡者寿。"

最后来说说道家文化。《道德经》和《南华经》两部巨著是道家思想精髓的集中体现，因老子和庄子两位作者的关系，后人便习惯于将道家文化俗称为"老庄文化"。作者以为，此两部典籍中的哲学思想对我中华民族智慧之启迪和社会之进步，其功用用"功在千秋"这四个字来形容实不为过。人们常说，"真理往往掌握在少数人手里"。在封建君主制度的体系之下，真理更是必须只能掌握在少数人手里。然而，道家的哲学思想中蕴含着丰富而深邃的的原始辩证法思想，其宇宙观、价值观和知识论更是无处不利于人类个性智慧的开启和精神修为的锻造，所有这些有悖于统治阶层对百姓统一教化的初衷。

所以，历代开国和盛世的君王们，无论贞观、文武、康乾，对自己都是从未停止过对"黄老"哲学的不断学习、钻研、理解和感悟，但对天下臣民百姓，却很少去推广、昭示和推荐。

一言以蔽之，明君的共性，用"内修黄老，外示儒术"来形容，是最为贴切不过的了。放眼今日，如有华人企业欲求长存不衰之道，管理者们对此八字不可不察。

朋友们在我的浅陋文章陆续推出之后，总有来信和留言。见到还有许多投资人在喧嚣的投资投机当中愿意静下心来读我这晦涩陈文，见到还有这么多人在利益的驱动中仍能钟情于思考和感悟，我心甚慰。近日一位名为10389的同好留言说，"我是欣赏你的投资理念的，不过不太喜欢读你的文章，主要是因为自己文学素养不够，希望您写得通俗一些"。好恶在于个人，不喜欢我接受，但文风改为通俗却不能准从。虽然在浩瀚的市场面前，我永远是一个没有毕业的学生，更从来不敢将自己摆在孔圣人所赞的"凌然于顶者"那么高的位置，但在理念交流之中分享中国悠久而伟大的文化和思想遗

产是多么快乐的一件事情啊！很是感谢之后同好"写文章每个人都
有自己的文风和习惯，我觉得这一点不必勉强先生，读起来不太好
理解可以慢慢学习，还能长知识，何乐而不为"的留言，这体现的
是一种谦虚求知和摈弃浮躁的态度。彪子去了，留下了一个传为是
他所作的博客，虽总是因为他在人生最后的时刻仍然徘徊在自己给
自己营造的小巷思维中终没能做到凌空跃起而唏嘘不已，但每读其
精华文字，还是会因文中所表现出来的博古通今之才华和特立独行
的思维方式而慨叹天妒英才。周郎亡矣，然赤壁临渊之飒爽英姿永
远不会消亡。看另一韉有个的留言总有如沐春风之感并能时有新悟，
今日有庄子之"蜩鸠之笑"借古讽今，明日有神将吴起之"十三必
击"，后日又出林彪"点线面"的战略战术，对我来说，这同样也
如 LIBO 同好所言是个慢慢学习、增长见识的过程。中国的文字由繁
入简，确实是对推广和普及起到了重要作用，但繁体字如诗如画的
唯美也因之而飘然逝去，象形和会意的初衷也荡然无存；白话文代
替了文言文，表象看是易于理解和应用了，但实质同样是文化的遗
失和美的沦丧。有些朋友每次回复总是寥寥诗词四句，但其中之内
涵真意何止谆谆，韵律优美何止无限。如上次的"骑牛远远过前村，
短笛横吹隔岭闻"一句，跃然纸上的是多么美丽而精炼的一幅乡村
图画，其中文字所表现出来的简约、含蓄又岂是白话文可以做到和
比拟的。所以，此处还是要对 10389 说句抱歉，即使不是念及在交
流之中稍微做些传承国学的事情，也还是要保持这种文风。众口难
调，唯有守一而不调，你是好恶，我亦好恶，交易要坚持变易的思
维，行文方面我只能是不易了。

　　好，又啰嗦了这么多，我们言归正传。

　　交易的世界，我们需要开启的不只是识人（市场走势）之智，

更为重要的是知己（自然规律与个人峰谷）之明。只有"明"之后，才能知道如何去感受共振（人的周期与市场的周期）、调整节奏（资金管理中连盈时候仓位的逐级理性放大和连亏时仓位逐级理性缩减甚至阶段性休息空仓）、控风险（看清人性弱点后规则化控制那贪婪、恐惧、期望、侥幸）和让利润自己奔跑（人们都能计算清楚苹果里的种子，却无法计算种子里面的苹果）。"智"，属于显意识范畴，形成于后天，来源于外部世界，只是自我之智，只是我们对市场这类事物表面现象的理解和认识，一定无法逃脱人的局限性和主观的片面性；而"明"，一日一月，充分体现中国文字的会意之长，说的就是对自然规律的认知，说的就是循环荣枯的宇宙法则，说的就是心灵之明，说的就是对世界本质的更深层次的认识，其客观、无限、全面的特性不言而喻。知市场者知于外，但不知于内；自知自性者明于道，而内外皆明。高尔夫没有一定之规，海钓也没有一定之算，交易也是如此。许多朋友来信谦虚而委婉的要我透漏或者点播一些有关的东西，抛开所必然的敝帚自珍，诸君也确实不必如彪兄一般自己将自己桎梏在小巷思维中不是前进就是后退。深刻的了解自己、了解市场、了解自然，初级的时候选择适合自己的个性方法，中级阶段追求凌空跃起的灵光，你会发现道的光芒已经将术变得那样的微不足道。求术还是在求"智"，在求识别别人（非好即坏）、识别市场趋势方向（非涨即跌）、识别切入时机和损赢位置（非买即卖），还是在小巷里打转；只有求"明"，方可悟自然宇宙之坦途大道，术不求亦可自来。甚至后来，术，已经不再所谓了。

国家的强大，企业的发展，家族的兴旺，都离不开"人心所向"。道商要想实现"以道经商"，必须依靠人才优势，集众人之智与力而有为。但是，如何识别人才优劣，甄别人心善恶呢？这就尤其重要了。

老子告诉我们："知人者智，自知者明。"智：表示智慧、明智。"知人者智"是说能洞察他人品行与才能者，可称之谓智慧。智是显意识，形成于后天，来源于外部世界，是对表面现象的理解和认识，但是具有局限性和主观片面性。明：可以理解为明白、高明，是对世界本质的认识，具有无限性和客观全面性。假如我们能够通过静观玄览，清醒地认识到自己的优与劣，长与短，能与不能，可谓高明。"知人者"，知于外；"自知者"，明于内。所谓智者，知人不知己，知外不知内；明者，知己知人，内外皆明。所以欲求真知灼见，必返求于道，内外皆通，智明如一，才是真正的觉悟者。

要想驾驭英雄人才，必须首先洞悉这些英雄人才的内心世界。然而，人是不容易被了解的，想了解人也很困难。孔子说："凡人心险于山川，难知于天。"人心比山川还要险恶呀，了解人心比登天还要难。天还有春秋冬夏和早晚之分，可是人却不同。看上去貌似淳厚，但内心的情感深藏不露，谁又能究其底里呢？汉光武帝刘秀是很善于听其言辩其人的皇帝，却在庞萌身上栽了跟头、曹操算是知人善任的高手，还是上了张邈的当。有的人外貌谦逊和善，内心却傲慢，非利不干；有的貌似长者，行为却似小人；有的貌似圆滑，内心却刚直；有的貌似柔缓，实则凶悍。历史上的亡国之君，往往给人一种颇有智慧的印象，而亡国之臣却极好表现出忠心耿耿的样子。即便是圣人孔子，在知人这方面，也发出了"以貌取人，失之子羽；以言取人，失之宰予"的感叹。

人们常说，眼见为实，耳听为虚。其实，眼见的也不一定属实。当年，孔子被困在陈国、蔡国之间，只能吃些野菜，七天没有吃到粮食。孔子白天躺着睡觉。颜回去讨米，讨回来后烧火做饭，饭快熟了，孔子看到颜回抓锅里的饭吃。过了一会儿，饭做熟了，颜回拜见孔子并且端上饭食，孔子假装没有看到颜回抓饭吃，起身说："今天我梦见了先君，把饭食弄干净了然后去祭祀先君。"颜回回答说："不行。刚才灰尘落进饭锅里，扔掉沾着灰尘的食物不吉利，我抓出来吃了。"孔子叹息着说："所相信的是眼睛，可是眼睛看到还是不可以相信；所依靠的是心，可是心里揣度的还是不足以依靠。学生们记住：了解人本来就不容易呀。"

在中国历史上，善于识人与用人的智者屡见不鲜。《三国志蜀书·赵云传》记载：赵云，字子龙，常山真定人。本在公孙瓒麾下，后随刘备。曹操南下限荆州，刘备兵败于当阳长坂，弃妻子南走时，有人说赵云已向北逃了，刘备说："子经不弃我也。"不久，赵云怀抱刘备的儿子阿斗，并保护刘备妻子甘夫人一起归来。在兵败势穷之际，背主而逃的是常有之事，而刘备却坚信赵云不会背叛自己，可见刘备是善于知人的。近代人物中，在知人上有独特而深厚功夫的，当属清朝的曾国藩。在淮军刚刚建立之初，李鸿章带领了三个人来见曾国藩，正好曾国藩饭后散步回来，李鸿章准备请他接见一下那三个人。曾国藩摆摆手，说不必再见了。李鸿章奇怪地询问为什么，曾国藩说："那个进门后一直没有抬起头来的人，性格谨慎、心地厚道、稳重，将来可以做吏部官员；那个表面上恭恭敬敬，却四处张望，左顾右盼的人，是个阳奉阴违的小人，不能重用；那个始终怒目而视，精神抖擞的人，是个义士，可以重用，将来功名不在你我之下。"那个怒目而视、精神抖擞的人，即后来成为淮军名将的刘铭传。

在现代商业社会里，各种貌似诚信的"奸商"层出不穷，各类看似美丽的"陷阱"无处不在，各种以假乱真、以伪替真的现象让人眼花缭乱。如何做到知人与自知，尤其重要。如何才能彻底识别一个人，以致不发生错误，这里面有大学问。

在《六韬》中，周武王问太公姜尚："该通过什么样的方法，真正了解将与士的品德与能力呢？"太公告诉他，了解他们有八种途径（八征）：一是向他询问问题看他如何应答；二是追问不止来看他的应变能力怎样；三是通过间谍来观察其是否忠心耿耿；四是明知故问来看他是否有所隐瞒，借以考察其德行；五是派他管理钱财看他是否会廉洁不贪；六是用美色无试探看他是否意志坚定；七是向他告之一些危险困难的事情看他是否愿意承担，借以考察其是否勇敢；八是拿酒灌醉他，看他是否能够神态自若。八种方法都采用过之后，一个人能不能够称得上贤明，就一目了然了。

庄子在《列御寇》中，曾借孔子之口说考察君子可用以下办法："远使之而观其忠；近使之而观其敬；烦使之而观其能；卒然问焉而观其知；急与之期而观其信；委之以财而观其仁；告之以危而观其节；醉之以酒而观其侧；杂之以处而观其色。九征至，不肖人得矣。"其意为：让他到边远地方去，看他是否忠诚；让他在近旁，看他是否谨慎；分配给他繁难的工作，看他有无才能；突然向他提出问题，看他是否能回答得清楚、详尽；给他短促的时间期限，看他是否讲究信用；把钱财交付他保管，看他是否廉洁；告诉他处境危险，看他的节操如何；用酒把他灌得酩酊大醉，看他是否失去常态；让他到复杂的环境中，看他的表现是否正常。

用上述九种方法来检验一个人后，品行不端的人就可以看出来了。与此同时，庄子还提出，人有"八疵"，"不可不察也"。"八疵"即八种不正当行为，主要有：一意奉承、挑拨离间、颠倒是非、说人坏话、贯于两面奉迎，等等。庄子说这样的人"君子不友，明君不臣"，即君子不与其交朋友，贤明的君主不任用这种人为臣。

知人者智，自知者明。但是，在实际操作中，往往是知人容易，知己最难。庄子说："臣患智之如目也，能见百步之外，而不能自见其睫……故知之难，不在见人，在自见。故曰：自见之谓明。"古人反复感慨，人能明察秋毫，却看不清楚自己的睫毛。过去班固慨叹司马迁学识渊博，却不能运用智慧避免腐刑，可是班固自己后来也遭牢狱大灾。班固能发现司马迁的祸患所在，却未能发现自己也身陷大祸。智慧虽然能够看清楚别人的问题，但是自己却不能恪守所明白的道理。

人们常常抱怨周围环境不好，或者抱怨命运对自己不公，却很少有人能够从自己身上找原因，去审视自己的内在。庄子又说："自知者不怨人，知命者不怨天；怨人者穷，怨天者无志。"有一只乌鸦打算飞往东方，途中遇到一只鸽子，双方停在一棵树上休息。鸽子见乌鸦一副飞得很辛苦的样子，关心地问："你要飞到哪里去呢？"乌鸦愤愤不平地说："其实我也不想离开，可是这个地方的居民都嫌我的叫声不好听，所以我只好飞到别的地方去。"鸽子好心告诉乌鸦："别白费力气了。如果你不改变你的声音，飞到哪里都不会受欢迎的。"

罗伯特·路易斯·史蒂文森告诉我们："了解自己喜欢什么，而不是听任别人告诉你应该喜欢什么而恭敬从命，才能维系灵魂的生命。"我们只有通过客观与全面地认识自己、了解自己，才能发现自己的内在精彩，才会明辨在自己的人生道路上该何去何从，何取何舍，最后，学习诸葛亮，吟唱着"大梦谁先觉，平生我自知"，挥戈驰骋，智行天下，实现自己的灿烂人生。

（四）大智若愚，藏巧于拙

才智出众的人在处理很多日常事情上显得很傻，很吃亏，但是在事关他的根本大事上却做的很出色，很成功。

大智若愚在生活当中的表现是不处处显示自己的聪明，做人低调，从来不向人夸耀自己抬高自己，做人原则是厚积薄发宁静致远，注重自身修为、层次和素质的提高，对于很多事情持大度开放的态度，有着海纳百川的境界和强者求己的心态，从来没有太多的抱怨，能够真心实在地踏实做事，对于很多事情要求不高，只求自己能够不断得到积累。很多时候大智若愚伴随的还有大器晚成，毕竟大智若愚要求的是不断积累自己，就像玉坯不断积累一样，多年的积累所铸就的往往是绝代珍品，出世的时候由于体积太大而需要精雕细琢，而不像外智那般的小玉一样几下子就可以雕琢出来马上能够拿到市场卖个好价钱，因而大器晚成之后往往都是无价之宝。

表面上看起来傻的人，不一定傻。老子所说的"大智若愚，大巧若拙"就是这个意思。在英文里，有人将它译成"Catshidetheirpaws"，生动形象地表达了它的深意。老子当初说这句话，是用它来阐明自己"无为而无不为"的哲学思想；他指出真正的聪明不在于故意显露，耍小聪明，而在于掌握、顺应事物的本质规律，使自己的目的得到自然而然的实现。

什么是真正的聪明？有人说：外智而内愚，实愚也；外愚而内智，大智也。智愚之别，实力内外之别，虚实之分。外表聪明的人，将精明表现在外表上，处事斤斤计较，炫耀张扬，唯恐别人不知道自己的精明干练。外表聪明的人往往给人一种威胁感，被人提防，结果聪明反被聪明误。这种聪明实际上是小聪明。真正的智者，遇事算大不算小，处事低调，为人豁达，做事有节有度。外表看上去愚笨糊涂，实则内里心知肚明。外愚内智的人，工作、生活中能与人和谐相处，左右逢源。外愚内智是大聪明，是一种境界，但还不是大智若愚的境界。要做到大智若愚，一方面要"修"，加强自己的内在修养，做到世事大彻大悟；另一方面要"练"，事事参悟，以自己的参悟身体力行，最后做到"大智若愚，大巧若拙，大音希声，大象无形"。

要达到大智若愚的境界，首先不能要的是外表聪明。因为，小聪明斤斤计较，过于算计，在生活中让人生厌；精明干练固然好，但锋芒毕露，会给人带来压力，让人处处防范，甚至遭人暗算。

大音若无声，大象若无形，至美的乐音、至美的形象已经到了和自然融为一体的境界，反倒给人以无音、无形的感觉。

在现代，"大音希声，大象无形"则更代表一种将美融入生活的智慧；情感热烈深沉而不矫饰喧嚣，智慧隽永明快而不邀宠于形。拥有这种智慧的人不用刻意地去想什么、做什么，便自然无形地把情感使用到最值得、最有意义的地方去，从而使自己更好地享受生活！

单位里来了两个刚踏入社会的毕业生，大学生小王和研究生小赵。两人做事风格迥异，一年之后，他们的职场收获、心得也大有不同。

大学生小王做事热火朝天，工作能力很强，一个人能干两个人的活；言谈举止，给人的感觉是精明强干。他也很愿意在同事面前表现自己的高效率，别人三天才能干完的活，他一天就做完了，经常给人一种无所事事的感觉。小赵虽然是硕士研究生毕业，但工作能力并不强，甚至连用电脑进行基本的文字处理都不熟练。于是，同事们整天见他坐在电脑前忙忙碌碌，或者对一些简单得不得了的问题不耻下问。

大家对他的评价似乎都不错，觉得小赵谦虚肯干，踏实勤勉，一点都没有研究生的架子。年终考评，小赵得到了同事们的一致好评，而小王却勉强过关。年终聚会上一位同事酒后吐真言：小王，以后做事悠着点，像你那么个干法，没几年我就得退休了。

小王的问题在于做事张扬，虽然工作能力强，但毫无掩饰的精明强干使一些人感到了威胁，招致了对他的嫉妒和打压。小赵虽然能力平平，但在小王的反衬下，碌碌无为，缺乏独立思考，却变成了踏实勤勉，不耻下问。这不能不说是一个悲哀。

古往今来，这种现象并不鲜见。施耐庵在《西游记》用唐僧、孙悟空、猪八戒、沙僧师徒四人形象地表现了这一看起来似乎很奇怪的现象。悟空神通广大，机智坚强，西天取经路上忠心耿耿，一路降妖伏魔，屡建奇功。然而他藐视天庭，不服管教，因此不受玉帝、观音、唐僧等领导喜欢，被戴上金箍；尽管每逢同事八戒遇到麻烦，悟空总是出手相救，但恃才傲物的他却常常被八戒在师傅面前点眼药。因此，悟空是一个复杂的悲剧性人物。有做过天蓬元帅经历的八戒，虽然能力不及悟空，但也不是无能之辈，凭一把九齿钉钯和三十六般变化，是悟空的好帮手；尽管有贪吃贪睡，爱占小便宜，贪图女色等缺点，但这些缺点除了可做同事捉弄取笑的谈资之外，不对同事构成任何威胁。同时，他性情温和，能听取领导的批评，受得起同事的捉弄。因此，很讨上下左右的喜欢。打妖精斗魔鬼的苦差，有悟空顶着；吃西瓜、娶媳妇之类的好处，一件也没落下；打过妖怪，被捉住了，总有悟空解救。由此来看，送给八戒猪无能的绰号真是太不应该。沙僧是悟空同事之中能力最差的人，从他曾经的官衔卷帘大将就能看出这一点。那个工作不过是替玉帝掀掀门帘，拉拉窗帘，毫无技术难度可言。但取经路上，沙僧少言寡语，任劳任怨，功劳不大，苦劳不小。所以，虽无大福也无大难，取回真经之后分得一个金身罗汉的封号。

才智锋芒毕露的人，会遭人提防、约束，甚至暗算；才能平庸的人，只要任劳任怨，不在意愚笨的评价，也能落个老实人的名声；至于那些内里聪明而看起来又愚笨的人，他们做到逢事游刃有余，是真正的智者。

过于锋芒毕露不好。有七十二般变化，一个跟斗十万八千里的齐天大圣孙悟空尚被戴了紧箍，何况我们这些凡夫俗子？发自内心也好，为环境所迫外表伪装也好，首先要学会收敛，做到大智若愚。不过这装傻，装孙子也不是件容易的事。

会装傻的人，不傻。既然不傻，却偏要装傻，如果不是心甘情愿，那心中滋味可想而知。既然是装傻，那就应当在适当的时机展露一下自己的才智，否则一味地隐忍，就会麻木下去，埋没了才能，变成真傻。有一位朋友，本来是一很有个性很有能力的人；但刚参加工作的时候错误地理解了好心人大智若愚的奉劝，在工作中处处隐忍，黑锅替人背了一个又一个，自己心知肚明，却不采取补救措施。结果，一年下来，她成了领导同事公认的笨人，痛失了发展的良机。处事低调，不锋芒毕露，并不等于不露锋芒，而是要适事适时恰到好处地展露。

既然是装，就有装不像的时候。装不像，也就成了真傻。有时候，装傻和耍小聪明仅一步之遥。小聪明被人识破，那就会聪明反被聪明误。装的最高境界是"假做真时真亦假，真做假时假亦真"。装傻不仅要适事适时，而且要适度。

装傻，装孙子是一门艺术。有人说，装傻要七分智三分傻。至于怎么拿捏分寸，很难说。不过，有一点很明确：如果装傻投入的代价大于了产出的回报，那就是确凿无疑的真傻了。

会装傻的人是聪明人，但不一定是大智若愚的人。大智若愚是一种境界，既不是被动地装傻，也不是被动地内智外愚，而是由内而外遵循事务本身的规律去行事。大智若愚的前提是内在的修养与智慧，是对世事的大彻大悟。然而，大彻大悟即便智者先贤也很难做到。那就不妨适时适度地装装傻吧。即便装傻装成了真傻也无所谓，毕竟大家都是凡人、俗人和庸人。

（五）宁静致远，淡泊人生

心里如果有杂念，就不能达到成功的境界。想要成功，就要心无旁骛的专心做一件事情。

常常在别人家的客厅里看见"宁静致远"的中堂，也没有深究宁静致远到底是什么含义，只是感觉是不要烦躁、心胸开阔的意思。昨日和朋友谈起这个，回来查了一下资料，才知道"宁静致远，淡泊明志"出自诸葛亮的《戒子书》："夫君子之行：静以修身，俭以养德。非淡泊无以明志，非宁静无以致远。夫学须静也，才须学也。非学无以广才，非静无以成学。慆慢则不能研精，险躁则不能理性。年与时驰，意与日去，遂成枯落，多不接世。悲守穷庐，将复何及"！

这是诸葛亮告诫他儿子如何做学问的一封信里说的，这一篇《戒子书》，也充分表达了他的儒家思想的修养。所以后人讲养性修身的道理，老实说都没有跳出诸葛亮的手掌心。

他教儿子以"静"来做学问，以"俭"修身，俭不是节省用钱；自己的身体、精神也要保养，简单明了，一切干净利落，就是这个"俭"字。"非淡泊无以明志"，就是养德方面；"非宁静无以致远"，就是修身治学方面；"夫学须静也，才须学也。"是求学的道理；心境要宁静才能求学，才能要靠学问培养出来，有天才而没有学问修养。"非学无以广才"，纵然是天才，如没有学问，也不是伟大的天才。所以有天才，还要有广博的学问。学问哪里来的？求学来的，"非静无以成学"。连贯的层次，连续性的对仗句子。"慆慢则不能研精"，"慆慢"也就是"骄傲"的这个"骄"字。讲到这个"骄"字很有意思，我们中国人的修养，力戒骄傲，一点不敢骄傲。而且骄傲两个字是分开用的：没有内容而自以为了不起是骄，有内容而看不起人为傲，后来连起来使用为骄傲。而中国文化的修养，不管有多大的学问、多大权威，一骄傲就失败。孔子在《论语》中提到"如有周公之才之美，使骄且吝，其余不足观也已。"一个人即使有周公的才学，有周公的成就，假使他犯了骄傲和很吝啬不爱人的毛病，这个人就免谈了。

看诸葛亮的《戒子书》，同他做人的风格一样，什么东西都简单明了。这道理用于为政，就是孔子所说的"简"；用以持身，就是本文所说的"俭"。但是文学的修养，只是一种附庸，这是作学问要特别注意的。

现在是一个信息过剩的时代，也是一个烦躁的时代，是一个物欲横流的时代。能够安静下来，看一本书、听一首歌、写一行诗，似乎也是一种奢侈。其实，只要宁静、淡泊，随时调整自己的心态，就会活得充实、轻松。

淡泊名利，对一些人可以说是一句挂在嘴上的空话。不要说翻开历史看那些名人是怎样希望永垂不朽的，单是普通百姓大概也不想赤条条的来，再赤条条的去。这就是那些隐居深山老林的所谓高手，由于耐不住寂寞而要再度出山的最简单的原因。让自己的生命一点点消耗而无益于社会和人类，无疑是对智慧的扼杀。但谁能说这是他们的本意呢？默默地来再默默地去，不是真正的隐者，更不是淡泊名利。

世界上没有一个人不想证明自己的存在价值。甘愿淡泊却不能克制淡泊的人生是注定要失败的人生。所以，当我们提起淡泊名利的时候一定要小心。

在这个五光十色、物欲横流的社会，我们究竟为何而活着，有时真的难以说得明白。

追求金钱、追求名利、追求精神，还是在追求其它什么？我们在茫茫的不满足海洋里索取着，索取到了不少，但自己也在不满足的海洋里迷失。我们越不满足，越是想得到，有时就越是得不到。

海纳百川，就是因为它位置最低。一个人高高在上，只会让人远离，平易近人才是为人处世之道。诚心待人，平凡中透着淡定是人的一种美丽个性。

人生苦短，我们不必要求自己必须索取到什么？昨天的辉煌并不代表今日的辉煌，太阳也会有西落的时候。我们何必要在无边的不满足海洋里迷失自己呢？

淡泊明志，宁静致远，抗衡着灯红酒绿，没有解释，没有旁白，只是心中的一份心态。

喜欢在寂静的空间里，让思绪得到整理，让平淡的心灵得到洗涤。在如此平和安静的空间里，烦躁的心还会物欲膨胀吗？不会了，饮着空间的平静，烦躁的心将会得到一个洗涤。

放开心态，以一种平凡淡定的心态融入生活，短暂的人生将会有很多美丽的追求演绎成美丽的故事情节，如花开般美丽！

（六）修炼从容、淡定的人格魅力

我们的时代，生活节奏越来越快，人们的急功近利心态也越来越普遍，哪里能够轻易得到从容呢？倘若你真的从容生活，四周一定多有不解甚或异样的目光。有人会认为你懒惰，有人会认为你无能，还有人会以为你有毛病，变态……所以，你得有一种旁若无人的姿态。其实从容与快捷以及快捷的生活节奏并不矛盾，却与急功近利格格不入。只要我们的生活在简单的基础上建立很少的一些条理，就可以达到快捷而从容的境地。

从容的本质是遇事情不慌乱，能够冷静地处理问题，基础则是心态平静。战争年代要求将领做出从容的表率，以稳定军心，是为大将风度。一个遇事慌张、凡事匆忙的军人是不可能成为大将的。战事越激烈，大将越从容才是军人的典范。和平环境的竞争再激烈，生活节奏再快，总比不上战争环境的紧张险恶吧，享受和平的我们怎能够没有一点从容呢。

从容与环境的变化没有必然的联系，这更像是人的一种素养，一种对外界压力的承受能力。现代人的生活压力何以骤增呢？我以为一方面是社会客观的竞争形成的压力，另一方面则是人们的适应能力较为欠缺，从众心理则是造成欠缺的重要原因之一。许多人并不清楚自己需要什么，不需要什么。见别人都要，他便也想要，而不问是不是自己的真实需求。如此的虚假需求多了，不仅耗费了大量精力，也淹没了自己真实的需求，当然也感受着成倍增加的竞争压力。

是故，作为个人的我们，一定要明了自己的切身需求究竟是什么，自己最为感兴趣的是什么，自己的理想是什么。弄清楚了这些基本问题就不会在眼花缭乱的现实生活中迷失方向，进而迷失自己。若此，你一定能够体逐渐体会到"守如处子，出如脱兔"的妙处和快乐，你会发觉自己不知不觉中已经生活在简单快捷且从容中不迫中了。

从容是什么？从容是一种心境，一种平凡之中的乐观。跋涉于人生的旅途，如果我们既不戚戚于贫贱，也不汲汲于富贵，那么我们就不会有一种自适而安的心态，有容乃大的情怀.

从容，是一种自然的大度他从不拘泥于小得小失，更不会因区区小事和自己，和别人过不去。学会以从容的心态去面对现实，面对学习工作乃至生活，才能耐得住大喜大悲，经得起大起大落，看得清大是大非；才能有坦坦荡荡的情怀，才能达到"宠辱不惊，看庭院花开花落；去留无意，望天上云卷云舒"是高雅境界。

从容，是一种至上的精神境界。只有学会了从容生活，我们才会把心放宽，然后去欣赏生命的美丽，领略生活的真谛，活出自我的真风采。当然，这种从容并不是要我们对社会无所作为，而是希望我们心平气和地对待人间的一切，入世做事，出世做人；在品尝美好生活中，有所追求，有所放弃。

曾经有这样一个故事，白云禅师与师父杨岐方会禅师对坐。杨岐方会禅师问白云："听说你从前的师父茶陵和尚开悟时说了一首偈，你还记得吗？"

"记得。"白云答，然后他又恭敬地说："那首偈是'我有明珠一颗，久被尘劳关锁；一朝尘尽光生，照破山河万朵。'"

杨岐方会禅师听罢，大笑数声，一言不发地走了。

白云怔怔地坐着，不明白师父听了自己的偈为什么大笑。他的心里愁烦极了，整天都在思索着师父的笑，可他又找不出大笑的原因。

那天晚上他辗转反侧，苦苦地参了一夜也无法入睡。第二天一早他就去请教师父为什么大笑。

杨岐方会禅师又大笑起来，说："你还比不上一个小丑呢，小丑不怕人笑，你却怕人笑！"

白云听了，豁然开悟。

这则故事是说参禅寻求自悟的禅师把自己的心思寄托在别人的一言一行，并因此而苦恼，真的还不如小丑能笑骂由人，了脱生死呢。

在现实生活中，我们常常也会因为别人的一个眼神、一句笑谈、一个动作而心生不安，思虑重重，甚至寝食不安。其实这些眼神、笑谈、动作在很多时候是没有意义的，只是因为我们自己在乎，所以才会为之心乱。

但是在充满矛盾和苦痛的尘世里，如果我们不能以一颗从容的心去生活，想做到不畏人言不畏人笑，只怕很难。

从容的心其实就是一颗平常心，就是摒弃了内心的非分欲望，本着率真的自然之心生活。只有如此才能活得坦荡，活得洒脱。惠能大师告诫弟子们说：只有抛弃了内外、生死、善恶、是非、祸福、利害、明暗等一切相对，不偏执拘束于任何一端，人才能进入自由自在、无所羁绊的精神境界。

寒山曾有一诗云：吾心似秋月，碧潭清皎洁；无物堪比伦，更与何人说。这首诗告诉我们：本然的天性就似明月、碧水。禅心告诉我们，人间的一切喜乐我们要看清，生命苦难我们也该承受。禅的伟大也就在这里，它不否认现实的一切，而是开启我们的本质，教导我们认识心的实相；它不教导我们把此物看成是他物，而是教导我们此物即是此物，他物即是他物；它让我们认识自身，擦拭种种尘埃，寻找清明内心，最后回归自我。

一个人只有认识到宇宙万物，包括生死、善恶、是非、得失等种种相对，它们的本性是齐一无别的，才能够常守清净本心，不被外界的种种欲望所迷乱、困扰，才能超然物外、无所拘缚、独立自主，真正做到"人到无求品自高"。平淡对待得失，冷眼看尽繁华；畅达时不张狂，挫折时不消沉。

这样的淡，淡在荣辱之外，淡在名利之外，淡在诱惑之外，却淡在骨气里。这样的淡，能够让我们在物欲横流的滚滚红尘中，击破纷扰，洞察世事，谢绝繁华，回归简朴，达到"落花无言，人淡如菊"的境界。

但凡人，都有向真、向善、向美之心。鲜花讨人喜欢，臭虫招人讨厌；真情让人感动，虚假叫人唾弃；良言入耳暖人心，恶语伤人六月寒；人们对真、善、美，与对假、恶、丑的反应是截然不同的。花开的欣喜与花落的悲伤是人的正常反应，人生得意时情绪与失意时心境肯定要不同。能等同视之，做到"闲看""漫观"好像除非此人已六根清静，远离俗世，绝了尘缘，遁入了空门。一个有七情六欲的人走在大街上，看到迎面而来的笑脸心情自然明媚，冷不丁给恶狗咬了一口虽然不能以牙还牙像人戏言的"它咬你你也咬它"但心里肯定直骂晦气。韩信能忍胯下之辱，张良能受拾履之羞，并不是说对此无动于衷，暗暗可能也在咬牙切齿，只是不想与此等人计较耗费时间精神罢了。能成大事者皆能忍其所不能忍，能像风一样穿过荆棘直奔目标，但这只能说明他吃透了忍经要义，又决非淡定。

司马迁遭受宫刑奇辱，著出巨著《史记》彪炳千秋；贝多芬忍耐失聪之痛，谱写《命运交响曲》惊世骇俗。与其说他们面对所受一切能淡定，从容，勿宁说他们正通过创作转移注意，寻找了寄托，减轻了伤痛。

　　这么说，淡定好像是虚妄的。人，只要不是植物人，僧人，圣人，就无法对眼前发生的不产生某些想法，如有，也是惺惺作态。

　　然而我们又分明从很多成功人士脸上看到了宠辱不惊，从苏东坡，陶渊明等人的诗行中读出了这份超然、淡定、从容。

　　乌台诗案，苏轼被贬黄州，满腹苦郁可以想像，何以排遣，唯有诉诸笔墨，缘此催生了大量优秀诗文。正如鲛人落泪，化为粒粒珍珠，自己也惊诧陶醉于珍珠的光华。岩浆寻找了个突破口尽情喷发，苏轼苦闷得以释放燃烧熄灭冷却，而在这过程中自己也得以目睹了释放燃烧的光焰的绚丽，于是，内心复归平静，并有所感悟，世事福祸相依，得失共存，苦难未必就不是礼物，于是，再面对宠辱去留便拥有了淡定、从容。也许如司马迁、贝多芬者在功成名就后再看待自己的不幸，内心也会很平静，拥有"回首向来萧瑟处，也无风雨也无晴"的心境。因此，淡定是风雨历尽辱荣阅遍后的人生回望，对大苦辩证思考后的内心释然。这时的他们，已完成了内心的蜕变，心灵从现实的沉重浮华里破茧而出，成了飞舞轻灵的自由的蝶。

　　所以，淡定不属于普通人，淡定是普通芸芸众生无法模仿的，是走过千山万水，历经大灾大难大苦大悲后又幸而拥有人间大幸的人的冷静思考后的人生彻悟，灵魂涅槃。

　　我们是普通人。我们无法拥有淡定，却拥有普通人的快乐。我们不要因为刻意装作淡定的样子而丢弃作普通人的幸福，且让我们花开时欢呼，花落时叹息；得意时高歌，失意时悲泣。——那才是真实的自己！

第三章　博爱众生的人格魅力（上）

（一）博爱是崇高之爱

博爱是要人与人之间互相关心、互相帮助，其最基本的条件是"人人平等""有一颗热忱的心"。但是，博爱的"爱"是有程度限制的，这种爱因为范围的广泛，所以只能是一种"泛泛的爱"。最简单的对博爱的定义就是"对其他人有一种热忱的心，去帮助所有需要关心的人"。

博爱，既是无私的，又是广大的。既能把这种爱给予亲人，给予朋友，也能把这种爱给予素不相识的人，甚至是在平时反目的敌人遇难的时候也能伸出援助之手！

爱是能让人心胸广大的，既然心中有了爱，再暴躁的人也会在爱的感召下变得柔情似水。百炼精钢都能化为绕指柔，可见爱的力量是多么强大。然而，这种爱并不是滥施滥爱。博爱乃为仁者之爱！

有人说博爱是舶来品，是西方资产阶级的东西。其实在中国战国时代墨家就有"兼爱"的论述；唐代的韩愈有"博爱之谓仁"的说法。我们使用这个概念一定要既有继承学习又有发展创新，使其赋予时代精神。博爱是以爱人为基础，包括爱集体、爱祖国、爱人民、爱生命、爱人类的生存环境、爱大自然、爱人类的劳动创造、爱文明进步、爱一切真善美的事物。

从人类的发展来看，提出和明确博爱的思想，是人类成熟的表现，是人类智慧的结晶，是人类可持续发展的基石。因此，理所应当的要成为教育的特别是基础教育的指导思想。

博爱是要人有博大的心怀的，要能容得下大千世界。尤其面对成长中的儿童少年，要热爱每一位学生。大量历史与现实充分证明，只要有适宜的成长环境，每位儿童少年都能够健康发展成为人才。

博爱是人与人交流、共存的保障，是世界和平、发展的中心议题。因此，它应是公理，是共同的信念，不只是解决"何以为生"，而是解决"为何而生"的人生观、世界观的问题。

爱祖国、爱人民、爱劳动、爱科学、爱社会主义是《宪法》对公民的要求，是公德，是每个公民都应自觉做到的。而博爱是其原动力，它可以让每个人对遵守公德有积极的态度，饱满的热情。因为博爱是人生活的哲学、崇高的信念，是人的思想、言论、工作、活动的指南，可以把"五爱"由有意识的行为变成无意识的习惯。如果"慎独"是对人自律自省的重要标志，那么博爱是在很多情况下不需要克制自己的自由，这是一种持久的真情、理性和道德的力量。

博爱要求每个人都能明确自己的责任，主动自觉地投入这场非常的斗争———2003年的"非典"时期完全显示了博爱的深刻内涵和无比的力量。

爱是一种尊重，党的十六大报告中郑重提出："必须尊重劳动、尊重知识、尊重人才、尊重创造。"在教育教学中，师生要互相尊重，首先要求教师和教育管理人员要尊重受教育者。尊重可以引发人的自尊、自重和自省。这是教育的起点和落脚点，既是自动性和自觉性的源头，也是教育的重要目标，让受教育者能自觉、自修、自治。进而形成大学习观：终身学习、自主学习、多维学习、协同学习、创新学习。实现"读万卷书，行万里路、经万般事"的学习理念。

博爱是一种宽容，不少人都把"严以律己，宽以待人"作为座右铭，因为人非圣贤孰能无过，即使是圣贤也应"一分为二"。所以要容纳和善待所有的学生，接受每一位成长和发展中的儿童少年。要善于体谅、理解有过错或不良行为的学生。所以出现过错，问题原因不全在学生自身，常常是成长环境使然。可以通过环境的改变和认识的改变逐渐得到解决。要特别关注弱势群体子女的教育，让贫困家庭、流动人口、不完整家庭的子女能平等地受到良好教育，有平等的竞争起跑线。这是全面推进小康社会的必要条件。这一要求应该贯穿教育教学的全过程。

人们常常利用科学地评价发挥对学生的激励作用，这就需要在关爱的前提下对评估对象有全面细致的了解。能发现他们的品德、智慧上面的闪光点，看到其积极的态度，挖掘其潜力，给予表扬和鼓励，找准时间、场合，让评估起到正效应，并可以长期起作用。出于对学生爱心和责任心，要少用横比，多用纵比，激励要常用，但同时要慎用。

博爱是实际行动，是教育者的模范行为。通过教师的眼神、表情、语言、声调、动作来体现，课上、课下、校内、校外概莫能外，这些发自内心的虔诚尊重和珍爱，不是表演，不是敷衍，是真情的自然流露。靠教师和教育工作者坚守的博爱氛围，造就有博爱精神的新一代。

　　博爱是一种价值观。基础教育阶段中要着眼学生的发展，远离"筛选"和"甄别"，人的潜能只有在和谐的环境中释放发展，创设适合每一位儿童少年健康成长的环境，让他们能互相交流、砥砺，能各展所长，让学生理解"天生我材必有用"，树立信心和理想。这里没有岐视没有压抑感。竞争是促上进的手段，不是所谓的"生存竞争，适者生存"。

　　博爱是耐力和毅力。儿童少年成长是个过程，是量的积累，也可能出现反复，因此要持之以恒，坚韧不拔。

　　博爱是奉献。要战胜自私、小集团主义，也要超越人类中心主义，把道德范围向自然界拓展，不向环境透支，不向后代举债。面向未来，这是教育的内容，也是教育的目标。

　　总之，博爱是一种崇高的爱。

　　孙中山认为，"博爱"是"人类宝筏，政治极则"，是"吾人无穷之希望，最伟大之思想"。他的"博爱"思想反映了中国人民的共同愿望和世界多数民众的共同追求。他说："欲泯除国界而进入大同，其道非易，必须人人尚道德，明公理……重人道，若能扩充其自由、平等、博爱之主义于世界人类，则大同盛轨，岂难致乎？"他以人道博爱的普遍形式来解释社会的发展和进步，设想用推广"博爱主义"，来实现"世界大同"，使全世界不同人类相互爱慕，共同发展。可以说，这是孙中山毕生的政治追求。

　　"博爱"，按照中国传统思想来解释，即所谓仁。何所谓仁？孙中山根据西方社会政治学说中的精粹——自由、平等、博爱，对中国传统政治思想中的仁，即博爱思想加以糅合、陶铸，赋予自己的解释，使其博爱思想既带有中国的传统道德仁的涵义，又包含西方社会政治学说的民主、自由、平等的内涵，使其更具有时代和世界的意识。孙中山说："据余所见，仁之定义，诚如唐韩愈所云'博爱之谓仁'，敢云适当。博爱云者，为公爱而非私爱，即如'天下有饥者，由己饥之；天下有溺者，由己溺之'之意，与夫爱父母、妻子者有别。以其所爱之大，非妇人之仁可比，故谓之博爱。能博爱，即可谓之仁。"又说："仁之种类：一、救世之仁；二、救人之仁；三、救国之仁。""救世、救人、救国三者，其性质皆为博爱。"在晚年作"三民主义"讲演时，孙中山又强调把"三民主义"口号和法国革命的自由、平等、博爱口号加以比较，指出，"法国的自由和我们的民族主义相同，因为民族主义是提倡国家自由的。平等和我们的民权主义相同，因为民权主义是提倡人民在政治之地位都是平等的，要打破君权，使人人都是平等的，所以说民权是和平等相对待的。以外还有博爱的口号，这个名词的原文是'兄弟'的意思，和中国'同胞'两个字是一样解法，普通译成博爱，当中的道理，和我们的民生主义是相通的。因为我们的民生主义是图四万万人幸福的，为四万万人谋幸福就是博爱。"

由此可见，孙中山的博爱观是通过道德的感化，使人们在"互助"与"博爱"的精神启导下，努力消除人与人之间的矛盾和贫富的差别，实现人类的和谐、幸福和大同。所以，博爱也可以解析为人与人、阶级与阶级、民族与民族之间的相爱与互助。这是孙中山对人类社会的文明、进步与和谐作出的理论贡献。但是过去他的"博爱"思想曾被指责为"阶级调和论"。其实，孙中山力图以博爱思想建立的大同社会，作为一种社会理想，是同社会主义、共产主义相通的，是值得后人学习、研究、继承和发扬的精神财富。

孙中山把"博爱"、"天下为公"、"世界大同"视为终生为之努力奋斗的理想。孙中山说：通过普遍普及博爱思想，使"地尽五洲，时历万世，蒸蒸芸芸，莫不披其泽惠"，使其成为"人类之福音。"可见，孙中山的"博爱"思想是超越国界的。

　　孙中山的政治思想和主张不仅在求中国之"天下为公"、"共进大同"，而且还致力于"世界大同主义"，开全球之"新纪元"。为宣传这一政治主张，孙中山将"天下为公"、"世界大同"、"博爱"等题词分赠世界各地的国际友人，互相勉励，共同努力为人类的和平和福祉献身。孙中山不遗余力地宣传他的"博爱"思想，赢得世人对他的尊敬与好评。孙中山的日本朋友宫崎寅藏认为，孙中山的博爱思想已"接近真纯的境地"，他称孙中山"博爱"题词是无与伦比的"东洋珍宝"。美国林百克则尊称孙中山为"人间的活上帝"，是崇尚道德的典范。广大殖民地半殖民地国家的人民则称颂孙中山为"东方民族解放之父"和"世界被压迫民族、世界被压迫阶级的救主"。共产国际共产党人则公认孙中山为"东方被压迫革命民众的首领"，是"被压迫国家革命运动最伟大的代表之一"。

　　孙中山的博爱思想对实现世界和谐、社会和谐具有重大的意义。

　　博爱，是对全人类的广泛的爱！

　　博爱是一种特殊的爱，因为爱的对象是全人类，所以程度上绝对不会像"爱情"的"爱"一样！

　　博爱最深刻的表现便是热爱自己的祖国。换个角度说，爱国主义就是博爱最为深刻的表现形式。

　　爱国主义是千百年来巩固起来的对祖国的一种深厚感情。热爱故土和祖国的大好河山是爱国主义的重要内容，它是一个民族、国家全体公民的一种神圣美好的心理情感，蕴藏于每个公民的感情世界之中。这种情感集中表现为：对养育自己成长的祖国山河、文化、历史的热爱；关心祖国的前途和命运，把个人的命运同祖国的命运

紧密地联系在一起；强烈的民族自尊心和自豪感以及对祖国的无限
忠诚和为祖国的独立富强而英勇献身的精神等。除了这些之外，热
爱祖国的各族人民也是爱国主义的重要内容，中国各族人民自古以
来就相互依存，共同书写祖国的历史、创造祖国的文化、推动祖国
的进步。因此，对祖国各族人民的爱是爱国主义的集中体现。

　　另外我们还应该注意的是，爱国主义是一个历史范畴。爱国主
义的概念并不是从来就有的，它是在人类社会产生了阶级和国家以
后形成的，并随着民族国家的历史发展而发展。因此爱国主义在不
同的时期有着其特有的意义和要求。在封建君主专制时期，忠君与
爱国是统一的——忠君就是爱国，爱国就是忠君。也就是说：国就
是君，君就是国。历史上的许多知名的爱国之士都是忠于君 主忠于
朝廷的人。屈原受奸人诬陷，昏君听信馋言，二次贬屈平，其符合
当时客 观要求的"美政"主张没有被采用，屈原完全可以游说异
邦，实现他的"美政"，却最终没有离开楚国，而是以死来表达自己
对君主对国家的忠诚。而正是他的这 种忠君，才使得他被后人尊为
伟大的爱国主义者。所以，在封建君主专制的中国，爱国就是爱君
主。叛君就是叛国。这也被学 者们认为是传统的爱国主义。但是随
着封建社会的衰落，封建君主专制被推翻，爱国主义的含义也在发
生变化。1900 年义和团运动之后，清朝政府在对外关系上愈来愈不
能维护国家和民族利益，忠君与爱国在严重的民族危机面前再也不
能统一起来，现实促使先进的中国人必 须从理论上澄清忠君与爱国
两者之间的关系，真正承担起挽救民族危亡的重任。同时，近代西
方民族主义和民主主义也在冲击着传统的忠君爱国思想。在这个时
期，许多爱国之士都认识到传统的爱国主义是不适合时 代的要求
的。他们都努力去将爱国与忠君区分开来，强调了爱国与忠君的关

系，忠君不等于爱国。他们普遍认为爱国的含义是爱本国文化，强调的是本国文化的 优越。"国" 在这个时候就是民族。但是这种观念发展到极致很容易变成狭隘的民族主义，直到 20 世纪初，中国的爱国主义观念才有所突破，现在我们认为爱国主义是一种社会意识形态。爱国主义是一种精神现象，是一种思想观念的社会意识形态，它受社会存在的制约，由社会存在所决定，并对社会存在具有巨大的反作用。爱国主义的思想观念对形成一个民族的凝聚力和向心力，推动民族的进步与发展具有重大影响，是一个民族之魂，一个国家之魂。

在现阶段，作为新时期的社会主义新青年，我们要想表现自己的爱国注意情怀，应该从以下几个方面努力：

首先，不畏艰险、改造山河、创建文明。自古以来，我国各族人民就世代相承地改造祖国山河，为人类的文明、进步做出了巨大贡献。其中，有物质文明的贡献，也有精神文明的贡献。例如，李冰父子领导修建的都江堰水利工程，使成都平原成为"天府之国"；李春设计、营造的石拱桥，是现存世界上最古老的石拱桥；张衡研制的地动仪，是世界上第一架测定地震方位的仪器。这样的例子灿若群星，雄踞北疆的万里长城，纵贯南北的大运河，举世闻名的四大发明－－造纸术、印刷术、指南针和火药，对世界文明的发展做出了巨大贡献。

其次，维护统一、抵御入侵、反对分裂。中华民族的爱国主义传统，是在祖国的统一和分裂不断交替，民族融合和冲突不断发展的过程中形成的。虽然，在中华民族几千年的历史上分分合合、合合分分，但主流、主导的趋势是联合、是统一。历史上的杰出人物，如秦皇汉武、唐宗宋祖乃至清朝的康熙皇帝，都为中国的统一作出贡献。

再次，顺应历史潮流，积极改革弊政。治国安邦，施利于民，同一切阻碍历史进步的反动阶级、反动社会势力和反动制度进行英勇顽强的斗争，是中华民族爱国主义传统的一个重要体现。在中华民族的发展史上，不仅有作为主力军的农民阶级反抗封建专制统治的斗争，还有无数具有爱国热情的封建地主阶级或资产阶级中的有识之士，为了祖国的进步和民族的发展，他们总是站出来以天下为己任，对国家内政、旧的体制进行改革，调整生产关系，力图振兴国家、造福人民。从商鞅变法到近代戊戌变法，都是为了改革社会弊政。

最后，虚心学习世界各国、各民族的长处。在中华民族的历史上，尽管有过短暂的盲目排外、闭关自守时期，但更多的时期是注重与世界各国友好往来、相互学习，注重吸收各国、各民族的优秀文化成果。如张骞出使西域，与中亚各国友好通商；郑和七次下"西洋"，促进了中国与各国间的经济文化交流，并促进了中华文明。中华民族的近代史是遭受西方列强侵略，逐步沦为半封建、半殖民地的屈辱史。因此，中国近代爱国主义的主题是救亡图存、振兴中华。中华人民共和国成立后，中华民族走出了伟大的复兴之路，其爱国主义的主题始终与中华民族的伟大复兴联系在一起。这些爱国主义的优良传统是中华民族宝贵的精神财富，当代青少年应该继承并发扬光大。

当然，爱国的方式是多样化的，并不仅仅局限于以上几种形式，同时我们也应该认识到博爱观念构成了爱国主义的核心，所以爱国应该是建立在理智、真诚和行动的基础之上的行为，为此我们应该努力避免以下几点误区：

　　首先，有好处就爱，没好处就不爱。有些人的逻辑是，"如果一个国家无法给我解决想得到的东西，我就有理由不爱国"。按照这种逻辑，汪精卫因为无法得到国民政府主席的头衔，所以"有理由不爱国"，溥仪因为得不到大清皇帝的龙椅，所以"有理由不爱国"，千千万万的汉奸和伪军们因为得不到金条、银元和美女，所以更"有理由不爱国"。对一些人来说，当官运畅通、财源滚进的时候，就到处宣扬爱国，过分地表演自己的爱国。而当时转事移，他的要求暂时得不到满足时，就到处发泄不满，甚至不惜恶毒攻击自己的祖国和社会。让我们记住鲁迅先生的一句话："爱国不是做买卖，值得与否，并不是第一要义"。其次，国家强就爱，国家弱则嫌。俗话说，"儿不嫌母丑"。可是，对于有些人来说，只有一个富强的祖国才值得爱，否则就会抱怨自己生错了地方，甚至以当中国人为耻辱。著名爱国将领吉鸿昌在美国期间，出席各种社交场合的时候，都要佩带一枚徽章，上书"中国人"几个大字。试想，在当时国家孱弱之际，海外的炎黄子孙，能够像吉鸿昌这样堂堂正正做中国人的有多少？再次，爱国就是中国什么都比外国强。经常听外国人在游览了长城、故宫后激动地说：我爱中国，中国太伟大了。如果是中国人在参观完白宫后也赞叹：美国太伟大了，我爱美国，会怎么样？外国人说"我爱中国"，没有人会把这叫做爱国主义，但是中国人如果说"我爱美国"，国人一定会批评他不爱国。国人总喜欢老外对我们的赞美，而且这种赞美似乎总也听不够。在报纸上，整天都可以看到"某某国对我国所取得的某成就表示赞赏"、原创文秘材料，尽在网络网络．com网。"联合国某某官员盛赞我国环保成就"等等。看得多了，仿佛这就成了我们的爱国。相反，对我国某领域提出批评的往往看不到，如果有，作者就有"不爱国"的嫌疑。实际上，这是不明智的，也是不现实的。

再次，爱国就要拒绝洋货。中国加入 WTO 后，面对洋品牌的汹汹来势，重新闭关锁国，不让人家进来，自己不要出去，这是不可能的事情。但是，让消费者或者商家抵制洋货，只买国货，更不可能。其实，这与爱国主义不相干。当年，举国上下谁不以买进洋冰箱为荣，如今，非洋冰箱不买的还有几人？那么，国人当初没有选择抵制洋货究竟是对还是错？答案是不言而喻的。如果没有当初的"洋冰箱"，就不会有今天国产家电的繁荣和壮大。有一位 5 岁男孩，能如数家珍，道出世界各国数十种名车，而且对各种车型辨认得毫厘不差。然而，当有人问到中国名车时，他颇费踌躇，最后只数出"奥迪"和"桑塔纳"。遗憾的是，这两种车"产权"属于中国，知识产权品牌属于万里之遥的德国。在这种情况下，什么是真正的爱国呢？是拒绝所有的洋矫车，还是创造公平竞争的环境，迎接洋品牌的挑战？我们必须明白：爱国并不意味着拒绝。

最后，爱国口惠而实不至。有些人经常把爱国挂在嘴边。可是真正到了让他们出钱出力，哪怕只是捐献出 300 毫升血，他们也会退避三舍，悄悄地溜走，全然没有了往日的豪情。在这种情况下，爱国往往被包围在假、大、空的情感渲泄中，而不能落在实处。这样的爱国实际上是没有多大意义的。真正的爱国首先应该是行动。无论爱国的行动有多少都是真实宝贵的。

（二）大音希声，大爱无痕

博大的爱就像是春风化雨、润物无声的那种爱。大爱是无私的、是尊重宽容他人的，付出的爱不会带来任何束缚和压制，不求给予回报的，不会让对方感觉到的。

"大音希声，大爱无痕"出自庄子的《逍遥游》秋水篇，和老子在《道德经》中的"大方无隅，大器晚成，大音希声，大象无形"都强调事物是辩证发展的，看问题要全面和发展的观点看问题，体现了朴素的唯物主义精神。

爱是人间亘古不变的主题。

真爱是骤雨中的伞，为你遮挡阴空中的雨；真爱是风雪中的火，为你烘暖冰冷的身；真爱是沙漠中的泉，为你浸润干涸的嗓子；真爱是汶川地震中感人的一幕幕，让人潸然泪下。

有一种姿态，让人敬佩不已。当消防队救一名妇女的时候，出现了第一例困难；妇女的下半身夹在乱石中，双肩死死夹在水泥板之间，如果把水泥板吊走，与水泥板紧紧粘依的墙板必定会将消防队员全部活埋，此时，妇女的呼吸声如雷，情况越来越严重，此时，第二支队消防队长做出了一个壮举：用肩膀顶住墙板，继续抢救！要知道，墙板落下，队长定会遭致命的一击！当吊车把水泥板吊起之时，只听"咔咔"一声，"啊！"这回藕断丝连的是队长的右臂和右股骨。这种姿态，令在场所有人都为之感动，这体现了人民子弟兵对祖国的忠诚！这种姿态，是真情浇灌的雄姿！

有一种声音，让人潸然泪下。在抢救过程中，由于楼房随时可能受余震而坍塌，所以在一名战士救生最后一个孩子后而停止救援。这时，那个战士激动地说："不行，孩子们还小，不能停止救援啊！"可没人准许。突然，这个战士跪倒在地，哭喊道："让我再去救一个吧！"此时，分队长被打动了，在轻轻点了一下头后，这个战士又如箭似的冲向了危楼。这时大楼轰然倒塌，，就在他急促地在废墟中救出一名孩子后，发现其余的孩子都已经死去，他像个小孩儿似的坐在地上哭："我还可以再救一个的！"这种声音，不是天籁胜似天籁，这种声音，是人与人真情的绝唱！

有一种行为，让人倍受抚慰。地震发生后，俄罗斯，日本，韩国，新加坡，特地运来大批物资，派专业人员救难，中国累计境外捐赠财物达 63 亿余元。其中俄罗斯救援人员还救出了一名幸存妇女。俗话说，一方有难，八方相支援。这来自五大洲四大洋的份份关怀让我们感激万分，这是真情的流动！这是大爱的无私！这是全球人民心连心的关注！我在网上看到一幅照片，一日本男医生小心翼翼地为一位老妇女喂食，做滑稽表情逗老妇开心。这让我很激动。这正是中日友好的点滴见证啊！这也是苦难中的真情，困难中的大爱！这种行为，树人性之高标，立真爱之大旗，这种行为，是苦难中一抹温馨的甜蜜！

地震无情，人有情。这地震中的一幕幕，是全世界的缩放点。俗话说："难时见真情。"这些在救灾第一线不分昼夜抢救灾民的人们，是真的猛士，是真的英雄。真情无言，大爱无痕。梵高曾说："爱之花开放的地方，生命便能欣欣向荣。"我们坚信，地震过后，亿万爱心定会绽放无数欣欣向荣的真爱之花！

梁山伯与祝英台超越世俗之爱，闻者垂泪。

陆游与唐琬缘己尽情未了，山盟虽在锦书难托，闻者惋惜。

李清照与赵明诚阴阳相隔，物事人非事事休，闻者心碎。

凡此种种一次次击响人们的心弦，轻漫人们的眼眸。文人雅士着墨缅怀，推崇向往之余又总被雨打风吹去。爱情犹如昙花只有一现，历久而弥坚人间大爱——母爱，常伴身边。

母爱仿若润物细无声的绵绵细雨。母爱有时是一桌家常菜，是一声寻常的问候，是一句泛泛的叮嘱，是一双擦干汗水的手。常常因为习惯而没有在意。母爱又如久旱而降落的甘霖。母爱是你将跌倒时，及时扶住的手臂。是你受到挫折时，依偎的柔软胸怀。是你疲倦时，休息的港湾。是你启航时，鼓起的风帆。常常因为其亲切自然，而忽视她的珍贵。母爱又肃若秋霜。母爱是一声斥责，一种劝诫，又是激励你前进的鞭子，更是让你清醒的钟鸣。母爱是殷殷的期盼。孟母不辞辛苦三迁，孟子才有了"亚圣"之称。岳母谆谆教诲，才有了岳飞精忠报国。"慈母手中线，游子身上衣。临行密密缝，意恐迟迟归。"母爱就在一针一线，孟郊诠释天下母亲的爱。母爱仿若一杯水，不甘甜，却是生命源泉。拥有不知珍惜，失去了方觉珍贵。让我们怀着一颗感恩的心去面对母亲吧。不要因为习惯而不在意，不因为自然而然不知其珍贵。母爱是璀璨的夜明珠，她照亮了黑夜。母爱是钻石，是最坚韧的，她让我们勇敢坚强。

"谁言寸草心，报得三春晖。"母爱是阳光，无声无息，从不索取，付出从不吝惜。不由得想起庄子的话，"大音希声，大爱无痕"。

（三） 帮助他人就是帮助自己

"你把最好的给予别人，就会从别人那里获得最好的。你帮助的人越多，你得到的也越多。你越吝啬，就越一无所有。"这是文章的第一段。现实就是这样，只有那些乐于帮助他人的人才会获得别人的尊重。我相信你听过这个小男孩的故事，他出于一时的气愤对母亲喊他很憎恨，然后，也许是害怕惩罚，他跑出家里，对着山谷喊道："我恨你！我恨你！"接着山谷传来回音："我恨你！我恨你！"

小孩很害怕，跑回家里对母亲说，山谷里有个卑鄙的小孩子说恨他。母亲把他带回山边，并要他喊："我爱你，我爱你。"小孩照母亲说的做了，而这次他却发现，有一个很好的小孩在山谷里说："我爱你，我爱你。"

生命就像是一种回声，你送出什么它就送回什么，你播种什么就收获什么，你给予什么就得到什么。只要你付出了，就会有收获。再多的话说来也没用，只有这一段话，正是助人的真实写照：当我们帮助他人的时候，我们付出的是自己对别人的生命的爱，就仿佛给别人的生命之树捧一掬清泉。爱的感情是不竭的源泉，我们付出得越多，内心就越充盈，幸福感就越强。所以，助人不仅是付出，也是收获。

帮助他人是中华民族悠久的传统美德，因此也呈现过不少令人敬佩的榜样：雷锋、丛飞，还有普普通通的工人，勤劳的农民，清纯的少女，等等。他们都在用自己的行动，自己的力量去帮助有需要的人，去温暖这些人的心灵。社会的繁荣兴旺，更少不了人们之间的互相帮助。许多工程都不是一个人能完成的，它需要大家的合作，互相帮助，互相激励，才能圆满成功。当我们帮助了别人，就会油然而生一种无比的喜悦，极度的愉快。助人是快乐的。

别人得到了温暖，自己得到了快乐。这不就是"帮助他人就是帮助自己"吗？铭记：给予就是获得。

有这么一个例子，在战场上一架轰炸机直冲了下来，按理说应该立即卧倒。可一位班长看见旁边的小战士还笔直地在那站着。他毫不犹豫一个箭步把那小战士扑倒在怀。飞机走后，他朝自己原来站着的地方看那里被炸出俩大坑。

从上面的例子可以看出来，帮助别人就是帮助自己。有人认为自己没必要帮助别人，自己管好自己就可以了。就打个比方，在你遇到困难时，一个朋友或者是一个不认识的人帮助你。你是否会在他困难时毫不犹豫帮助他那？答案是：一定。我们在换一个角度想，假如你一直是对别人困难时都袖手旁观，当你遇到困难会有人帮你吗？

有的时候看那些有很多死党的人，很多很多都是乐于助人的。因为，在你困难是帮助你的人会是你记忆很深刻的人。还有一个例子，是一个很普通的司机，在送客人往某个地点送的时候，那位客人说要往回走。他很尴尬地说换衣服的时候忘拿钱了。那位司机反而安慰那位客人，又送给那人往返的车费。回去之后司机就忘记这件事了，因为他不是第一次这样做。不久之后，就有人邀请他做他的司机。而那人就是某一个银行行长。这位司机有着宽容的胸怀，有着世界上最美的心。他很乐于帮助别人，即使不是惊天动地的大事，可是他却一直帮助别人。这是很不容易的，正如毛主席所说的，一个人做一件好事并不难，难的是一辈子做好事，不做坏事。而那个司机却坚持下去，直到幸运砸到他的头。其实，很多人认为帮助别人没有回报，没有意义。这样的，一辈子都不会幸福，幸运永远都不砸到他的头。

人生就是这样，帮助别人就是帮助自己，你只要一直善良下去，你一定会变成最幸福最幸运的人。

帮助别人就是举手之劳，简简单单，但是，爱的链条却越来越长，谁能说，我们没有从中获得益处呢？

一个人帮助别人并不难，难的是常常帮助别人。想想我们自己，谁没有做过好事？甚至是大量的好事？但是，再深刻地剖析一下自己，有没有在可以帮助别人的时候，也漠然过？每个人都遇到过困难，都希望得到别人的帮助，有时只是一句温暖的话语而已。可是，有时候我们得到了，我们感动了，有时候是不是也失望了？当别人帮助我们的时候，我们想到不让爱的链条终结；当别人拒绝帮助的时候，我们也要想到，要让爱的链条延伸。因为，帮助别人，也就是帮助自己。

在我们的日常工作、生活中，我们会为复杂的人际关系以及和人的沟通和相处中而难以协调。其实最基本的原则就是要学会善待别人，宽容别人，尊重别人，在别人的成功以及快乐中享受自己的成就。你只有不断的去帮助别人，在别人的成功中自己也无形地得到成长。

爱默生说："人生最美丽的补偿之一，就是人们真诚地帮助别人之后，同时也帮助了自己。"我们在帮助别人的时候，也就是在帮助我们自己。

给，就是一种舍，我们在给别人的时候，就是在舍自己的某些东西，如时间、精力、关怀、财物等。而这些舍，同样会使我们得到。相信大家都听过这样一句话："赠人玫瑰，手留余香。"这是说：我们在给予别人的同时，自己也会有收获。实际上，这并非一句空话。每个人都不是独立地存在这个世界上的，每个人都会遇到困难，遇到自己解决不了的问题。这个时候，我们就需要向别人求助，如果我们能得到别人帮助，那么我们就会心存感激，希望他日自己也可以为别人做些事情。同样地，当我们帮助别人时，别人也会心存感激，希望他日伸出援助之手，帮助我们。

很多时候，人们会抱怨人际关系复杂，知心朋友难寻。造成这种局面的原因很多，但其中最重要的原因很可能是我们平日考虑自己过多，帮助别人太少。一个人平时不注重人际关系维护的人，很难有好人缘，"临时抱佛脚"只会给别人以"利用"之感。试问这样的人，又怎么能得到别人的信任和欢迎呢？别人又怎会对慷慨相待呢？只有平时对他人帮助，别人才会拿出真心对我们。

很多时候，人际关系的纠纷，都与利益有直接的关系。面对纠纷我们不能总是抱怨别人侵犯了我们的利益，而是应该反思自己是不是考虑过别人的利益。人常说，与人方便，与己方便。只有我们给别人提供一些利益我们才能维护自己的利益。有的时候，我们帮助别人只是举手之劳，却能因此得到意外的机会和收获。就如当年费利因为让年迈的老太太避雨，却因此意外地得到了卡耐基的一笔订单一样（老太太是卡耐基的母亲，但费利当时并不知情）。如果我们经常对别人施以援手，难保不会遇到生命中的"贵人"。

所以，我们要舍弃一些不必要的自我意识，帮助别人做一些力所能及的事情。爱默生说："人生最美丽的补偿之一，就是人们真诚地帮助别人之后，同时也帮助了自己。"我们在帮助别人的时候，也就是在帮助我们自己。

查尔斯是纽约一家大银行的秘书。上司让他写一篇吞并另一家银行的可性报告，此事事关机密，他能找到能帮助他的人非常稀少。经过了解，查尔斯发现有一个人可以帮助他，这个人就是在那家银行效力过几十年而现在是自己同事的威廉。

当查尔斯走进威廉的办公室时，威廉正在接听电话，他的面部表情显得很为难，对着电话说："亲爱的，这些天实在没有什么好邮票带给你了，过些日子我再带给你好不好？"放下电话，威廉解释说："我在为我那12岁的儿子搜集邮票。"

查尔斯在说明自己的意图之后，开始提问题，但是也许是威廉对自己过去的公司感情深厚的缘故，他的回答模棱两可、含混不清。

查尔斯看出他不想说心里话，他知道，如果威廉不是真心想说，那么他好言相劝也是没有效果的，于是他不得不结束了这次谈话，无功而返。

开始的时候，查尔斯很着急，不知道该怎么办才好。情急之中。他想起了威廉打给儿子的电话："他儿子喜欢集邮啊！我朋友在航空公司工作，曾经很喜欢收集世界各地的邮票，不如……

第二天早晨，查尔斯用一顿丰盛的法式大餐，换来了精美的邮票，他再次坐到了威廉的办公室前。这一次，威廉斯满脸笑意，一个劲儿地说："我的乔治会很喜欢的。"边说边不停地抚弄邮票。

接着，查尔斯与威廉花了一个多小时的时间谈论邮票，之后又看了威廉斯儿子的照片，让查尔斯都感到惊奇的是，没等他开口问威廉那家银行的情况，威廉自己就将知道的资料全部说了出来。不但如此，他还打电话给以前的同事，了解那家银行现在的情况，同事把一些事实、数据、报告等相关内容都告诉了他，他毫无保留地将这些内容都转告给了查尔斯。查尔斯顺利完成了可行性报告的撰写。

查尔斯因为帮助威廉得到了邮票，从而得到了威尔斯的鼎力相助，最终完成了报告的撰写。他帮助了别人，最终也帮助了自己。

在职场上，同事之间免不了互相帮忙。我们经常听到"助人为乐"这个词，但即使是帮助别人也是要讲究分寸的。在办公室这个既平常又敏感的地方，怎样才是恰到好处的帮助呢？换句话说，怎样帮助别人，才能使自己才能受益呢？

第一，回答问题要巧妙

当同事征求我们的意见时，有些话是不能说的，有些话是要巧妙地说的。例如，有人问我们："我们的工作态度有问题吗？""我该不该用那样的方式处理和小黄的矛盾？"等问题，我们不能直接地问答"是"或"不是"，而要提出一个可行的办法，这样才不会被误解为批评或敷衍。正确的做法是，告诉他如果你是他，你会怎么做。

第二，表达自己的真诚和关切

对别人的帮助要真诚，不要给人以"有目的"感觉。我们的关心应该是发自内心的，这样才能使别人愉快地接受，我们才会得到心灵的满足和愉悦。

第三，为别人设身处地地着想

帮助别人必须以不危及别人的自尊为前提，不然可能会收到相反的效果。另外，要先设身处地为别人着想，再提供帮助。只有这样，我们才能恰到好处地帮助别人，而不会出现好心办坏事的情况。

（四）心存善念，快乐成长

行善能带来快乐，这不是什么复杂的道理。所谓"助人为乐"，是我们打小就被灌输的美德。但有关行善与快乐的关系，我们常常过于看重的是快乐乃行善的结果。其实，快乐不仅是行善的结果，也可以是行善的动因。而且，强调快乐行善，能让世间的善行变得更加可亲，也能让人们行善更加从容。

叶明说："每个行善的人有不同的动因。我的动因就是帮助别人，快乐自己。"他不愧是读过王阳明哲学的人，可以把行善的动因看得如此可爱通透，又说得如此不动声色。有关行善的动机，其实是个敏感的问题。古人常说："存为善之心，不必邀为善之名"，

"善欲人见，不是真善"。大意是，善举要是故意做给人看，就不是真善了，似乎行善不能有任何动机，而纯粹是出于道德本能，但问题是，如果这世上有时伪善尚不易得，那么对于动机的追究就不免矫情。所以我看不惯那些动不动就讥讽人家行善事是作秀、博出名的人。无论出于何种动机，善行终究还是善行。伪善难道不比真恶更好吗？

我相信，这世上一定有圣人之类的人存在。他们做好事，行善举，纯粹出于道德的本能，不需要任何动机，也不求任何回报，做好事被人误解，依然可以做到无怨无悔。但显然不能以圣人的标准要求普通人。我以为，绝大多数普通人行善依旧需要回报，这种回报不是物质上的，而是精神的愉悦。有时候，精神的愉悦其实比物质的回报更珍贵。当叶明看到那些他所帮助过的孩子快乐健康地成长，他不只是快乐，或许还有更高层次的成就感。

"帮助别人，快乐自己"。多么简单的话语，但却是一种值得提倡也不难实行的人生哲学。提倡快乐行善，或许更接近人类行善的本意。做善事，无需坚强的意志和远大的理想，只要拥有一颗快乐的心就行，人世间还有什么比这更简单的事情呢？

但行善，又的确不简单。还是叶明说得好："光有善心是不够的，重要的还要摆正施与舍的关系，居高临下式的行善者，不是真正的善者，那是在炫耀财富，在凌迟弱者。"叶明理解的"善"是平等互助的，我帮助你解决了一时困难，你的成功给我带来无穷的快乐。这和他的"快乐行善"哲学一脉相承。如果我们每个人以快乐而澄明的心，以平视而尊重的目光去帮助他人，不仅我们自己会得到快乐，而且下一次，我们没准儿也会从施者变为受者，从帮助者变成受益者。这实际上正是现代慈善事业的真谛所在。慈善是富有同情心的人们之间的互助行为，而绝不是某些富豪的专利。

快乐地行善，和善行带来快乐，是两个概念、两件事情，前者难，后者易。前者为因，后者为果。叶明既能做到快乐行善，又能得到行善的快乐，其境界其实极不易得。我乃凡夫俗子，虽不能至，却心向往之，更希望我们这个社会，行善永远能和快乐二字联系在一起。

2008 年 3 月 1 日晚，2008 年新娱乐慈善群星会在上海东方艺术中心拉开帷幕，百余位热衷慈善的明星因"爱"聚会上海。而特意从台湾赶来的亚洲全天后徐若瑄，刚一出场走上红毯时，她的美，惊艳四座，地球吸引力一般地自然吸引了所有人的目光。当被介绍到她的爱心行动为慈善、公益事业贡献出的力量后，她被评为年度最具魅力慈善之星的奖项，很多人看到了她美丽的背后，有一对隐形的爱心天使翅膀，正是这位 V 皇后永远的魅力所在。

有这样一个故事，一个僧人黑夜里行路，因为天太黑，僧人在路上被行人撞了好几下。他继续往前走，看见有人提着灯笼向他走来，这时旁边有人说：这个盲人真奇怪，明明看不见，却每天晚上打着灯笼。僧人上前问那盲人：你真是盲人吗？盲人说：我从生下来就不见一丝光亮，就连灯光也不知什么样。僧人奇怪：那你干吗打着灯笼？盲人说：我听说到了晚上人们都变成了盲人，因夜晚没有灯火，所以我就打着灯笼出来。僧人感叹道：你心地多好啊，原来你是为了别人！盲人回答：不是，我是为我自己！僧人迷惑了：为什么呢？盲人问他：你刚才走路时没有被人碰撞过？僧人说有啊，盲人道：我是盲人，什么也看不见，但我没有被人碰到，因为我的灯笼不但为别人照了亮，也让别人看到了我，这样他们就不会碰到我了。黑夜中的一盏灯火，既照亮了别人，也照亮了自己。

恻隐之心，人皆有之。也许我们不是生活中的强者，但是我们的身边总会有很多弱者，相比之下，我们是幸运的，幸福的。面对需要帮助的人，心存善念往往是不够的，难能可贵的是多行善举：一个微笑可以给予他们前行的力量，一句鼓励可以唤起他们心底的信念，一次搀扶可以使他们远离危险，一点捐助可能改变他们的一生，而这一切对于我们也许只是举手之劳。

可是，很多时候，我们面对别人的挫折或不幸，总能找到种种借口，漠然视之，且心安理得。此时的我们其实失去了人生中一大快乐。其实，生活中又有谁的人生会永处顺境？很多时候，别人今天的遭遇也许我们明天就无法躲闪。

送人玫瑰，手有余香；搬开别人脚下的绊脚石，往往是为自己铺路。人生最大的快乐莫过于助人行善，助人行善是人生价值的体现，是人性闪烁的光芒，是人类生生不息的源泉。生活中，我们何不多存一点善念，多行一些善举，以感恩的心面对人生，不要错过每一次帮助别人的机会，相信你的人生才会更精彩！

现在，越来越多的人已不相信"善有善报，恶有恶报，不是不报，时候未到"的古训，因为在他们看来，不少邪恶之人不仅没有遭殃，反而活得好着呢！而一些善良的好人却命运多舛，"屋漏偏遭连夜雨"。于是，邪恶之人更加肆无忌惮，普通百姓也不愿行善仗义。

事实上，这是一种表面化的理解，它没有深入自然的情理之中，尤其没有深悟天地之"大道"，并由此发现"善"与"恶"的本质。

人的"言行"是由"意念"支配的，如果将"言行"比成车辆的行进轨迹的话，那么"意念"就是司机手中的"方向盘"。"善念"往往会结成"善果"，而"不善或者邪恶之念"当然会生出

"恶之花"。古人云："一念之差，满盘皆输。"《易经》亦有言："积善之家，必有余庆；积不善之家，必有余殃。"那些心中充满邪恶之念、大行不义的邪恶之徒，很少能逃脱法律的制裁，即使逃得了一时也难逃一世！即便脱得了己身，子孙后代恐怕也要为之付出代价。因为邪恶是会遗传的，很难想象一个邪恶的父亲能培养出纯良的儿子。

在现实生活中，更多的人并非心怀邪恶之念者，而是一些缺乏"善念"的人。他们也可能因为"事不关己高高挂起"，也可能因为"多一事不如少一事"，也可能因为利己和自私心重；还可能因为缺乏耐心或宽容厚道，所以未能生出"一念之善"。然而，也就是因为这一念之差，却导致了于人于己都难以挽回的损失。据报道，一人晚上回家，在路上看到一起车祸，受害人还在呻吟之中。当时他想前去搭救，但"一念之善"马上不翼而飞。没想到，第二天他发现受害人竟是自己的母亲，并且因疏于救治，人已死亡。得知此事，此人后悔莫及、欲哭无泪、仰天长啸，几乎近于疯狂。这是"一念之善"缺乏所导致的恶果。

"善念"，哪怕是一点一滴、一丝一缕，哪怕是对于素不相识者，哪怕是对于你憎恶的人，甚至是对于邪恶者，它都会滋润焦渴的心灵，点亮黑暗摸索者的心灯。人生天地间，无论是位尊于人的天子，还是富甲天下的大贾，包括那些如草芥一样的平民百姓，他们都是生命的孤独者，有血有肉、当病则病、当死则死，没有任何人能超脱此理。因此，每个人都需要阳光、雨露和水滴，也不能缺少同情、理解和爱护。而所有这些往往都源于"善念"，更多的时候只是"一念之善"。人有"不能为"和"能为"之别，挟泰山以超北海，人力难为也；举手之劳，人人能为也！而"一念之善"更多的时候则属于举手之劳，那么我们许多人为什么坚决不为呢？

有关陈光标大家应该知道。亿万富豪陈光标，最近自曝了一条内幕消息：他和妻子分床已经三年多了。是什么让陈光标和感情很好的妻子分床而眠？原来陈光标睡着后，经常做梦，梦里哈哈大笑，手舞足蹈，不能自禁。睡梦中的妻子，经常被陈光标突然的笑声惊醒，以致睡眠质量受到严重影响。不得已，两个人只好分床而眠。

那么，又是什么事，让陈光标如此开心，以致睡着都一次次笑醒呢？最近，在接受杨澜采访时，陈光标直言不讳：因为快乐、高兴、兴奋，所以，自己才一次次睡着笑醒了。

让他快乐的事很多———

一个无钱医治的病孩，在死亡线上苦苦挣扎，这时候，陈光标及时为孩子送去了救命钱。

一个优秀的青年，考取了梦寐以求的大学，却因为家庭困难，无法承担高昂的学费，一家人愁眉不展。这时候，陈光标及时为青年送来了帮助费，青年可以继续上学了。

一个绝望的中年人，因为家庭的困境，而差点走上绝路，这时候，陈光标为他伸出援助之手，帮助他解决了实际困难，并重新树立了生活的信心。

十年来，陈光标向慈善事业捐款捐物累计达 11 亿余元，几十万人受到过他的资助。因为他的帮助，有的改善了生活境况，有的走出了人生困境，有的被挽救了生命，有的改写了人生轨迹，有的重新找到了生命的方向和意义……每想及此，乐善好施的陈光标都会感到无比的欣慰，即使睡梦之中，他也会为此而快乐、兴奋，于是，不能自禁地在睡梦之中哈哈大笑。

帮助别人，快乐自己。这是陈光标的座右铭。陈光标不是中国首富，却是中国首善。一向高调做事高调行善的陈光标，其行为也备受争议，有人说他借机炒作，有人说他沽名钓誉。可是，陈光标对此一点也不在意，他仍然每年拿出自己公司近一半的利润来高调行善，广行善施，到处撒播善的种子，并因此而获得快乐的心情。

"善人者，人亦善之"。这句话告诉我们："你善待别人，别人就会善待你"。同时，又变相的告诉我们一个千古不变的道理："想要别人怎么对待你，那么首先你要怎么对待别人。"

每个人的心灵都是脆弱的，平时不妨给身边的人一点关爱。或许一句鼓励的话，一个善意的眼神，甚至一个招呼的手势，都能改变别人对你的印象，同时也能改变他自身。不要想着伤害别人，这是损人不利己的事。

只有心性善良，心情才会平和。平时多行一些善事，对于你来说，或许不过举手之劳，但对于别人来说，或许等于救了他一命。不要想着大街上的乞丐是骗子，你就绕道而行，甚至横眉竖眼，口吐脏话，这不是勇敢的行为，相反，显示出你卑微的人格。当你每行一善事，每言一善语，你的心情也会愈加平静，愈加快乐，要懂得以善为乐。

一个损人利己，只懂得伤害他人的人，他是孤独的，永远也不会拥有一个知心朋友。不论是朋友或是同事，都会对他加以防备。同时也要有一颗防备的心，这样才不会显露弱点。俗话说："害人之心不可有，防人之心不可无"。

善良能够培养一个人的道德以及人格，久而久之，形成一股气质，同时也能给人一种亲近感。

平时多换位思考一下，不要整日想着自己需要什么，为何不想想别人需要什么？当你需要什么的时候，不要总以自己的想法来左右别人，别人在意的是自己的需求，而并非你的需求。

弗洛伊德说得很对，人为什么都会喜欢狗？因为当它看见你的时候，总会对你摇尾巴打招呼，表示它很喜欢你，想要亲近你。当你对它产生恶意之时，它才会退让一边，对你产生警惕之心。你何不看见别人时，也投去一个善意的微笑，别人也会回你同样一个微笑。

人心并非铁石心肠，人人并非无情。或许当你看见一个残疾人，或许一个家破人亡的人，你就会产生同情，也就触发了你的善意。

生活中需要善良，当别人遇到困难时，我们应该施以援手；工作中需要善良，当别人做错事时，我们应该宽容，给予鼓励；学习中需要善良，当别人不懂时，我们应该给予帮助。待人处事贵于善，要乐善好施。

培养一个善良的心态，能够帮助我们抛去烦恼忧愁，遇事冷静沉着，工作爱情获得顺利。善良是给别人一种感动，能够使心胸宽广豁达，情操高尚。

如果你现在希望事业成功，爱情顺利，身心健康，那么善良绝对是你人生中的一大助力。它是一种力量，一种感化万物的力量，无论身体或者心灵。善良是一种爱的表现，更是一种宽容以及理解，它比任何说辞都要犀利，因为它本身便是一种行动。

如果想要世界或生活变得美好，请从做一个善良的人开始，从现在开始。

（五）要做个善良的人

　　这个世界上的真理，永远都是朴素的，就好像太阳每天从东边升起一样；就好像春天要播种，秋天要收获一样；就好像人有生命就有死亡一样；很多的道理都是我们明白但永远不可以违背的。

　　记得孔子在《论语·宪问》中曾经说过这样一段话："君子道者三，我无能焉！仁者不忧，知者不惑，勇者不惧。"如果一个人有了一种仁义的胸怀，他才能真正做到内心的坦然和平静，这样的人就算仁者吧；如果一个人在痛苦和压力的选择中，能够明白如何得与失，取与舍，这样的人就算智者了；如果在你的面前有很多的困难和艰辛，你的内心能有一种勇往直前的力量，这样的人就算勇敢吧。

　　要做到这些，也许是很难的，但要做一个善良的人，却也不是很容易的一件事，做一个君子会让很多人敬佩，他们的一言一行都是高贵的。而做一个善良的人，只要你的内心充满爱，充满平和，充满和谐，充满坦荡，充满理解就可以了。

　　孔子说过："君子坦荡荡，小人常戚戚"。要做一个君子，首先必须做一个善良的人。善良的人一定有爱心，有善心，有同情心，有责任心，有理解之心，有宽容之心，有道德之心，也一定是一个睿智聪明的人。

　　有人说，爱的背面不是恨而是冷漠；也有人说，善良的背面不是恶而是妒忌。其实爱和善良是一体的，只是爱包括的范围宽阔，而善良的范围只有一个，爱的广义是爱别人也包括别人爱自己，而善良的广义是你必须去爱别人，去为别人做一些力所能及的事，去宽容别人的错，去记住别人的好，这样你的付出才会得到别人去尊重你、去爱你。

世界上最难交往的人恐怕就是小人吧，这样的人在现实中不计其数。如果你和他相处，就要给他一些小恩小慧，给他一些有利益的东西，给他帮一些小忙，给他走一些小后门，请他吃一顿饭喝一杯酒，他会高兴地夸你，会不失时机的去讨好你。这样的人是很难交往和相处的。如果在生活中遇到了，最好不要给自己惹火烧身，最好不要助长他的野心，最好不要给他留太多的绿灯。

做一个善良的人，我们必须有自己做人的原则，给别人能帮助的，我们将全力以赴地去帮助，给别人能宽容的，我们将用真诚之心去对待他。

"己所不欲，勿施于人"。既然我们自己都不愿意做的事，为什么要强求别人去做呢？做一个善良的人，用真心去对待生命中每一个人；做一个善良的人，用爱心去宽容每个人；做一个善良的人，用善心去理解身边的每个人。

做一个善良的人，为自己为家庭为社会奉献自己的爱心。做一个善良的人，用自己的实际行动去做一个高尚的纯洁的人。

做一个善良的人，是每个人都期待都盼望都希望都可以做的一件快乐的事。做一个善良的人，用自己的最真诚最真心的爱去完成它的使命吧。

做一个善良的人，从今天做起。

苏东坡信仰佛教。一次与方丈辩经，两人坐于蒲团之上，相论许久。方丈说："我在你的眼里是什么？"

苏东坡说："方丈你在我眼里是一堆牛屎。"方丈微微一笑，说：

"施主你在我眼里是一朵花。"

苏东坡满意而归，与小妹言及此事。小妹说："佛家有言，心在地狱缘恶念，你心中有牛屎，才会把别人看成牛屎。"

苏东坡听罢，满脸愧色。

任何善恶的念头，在未变成行动和事实之前，其实在心中早已存在了。心中充满恶念的人，看别人的眼光就会变异，而心中充满友谊、宽容的人，便会给别人和自己带来欢乐。

佛家有地狱和天堂之说。心想行恶的人，心中充满愤怒，做过恶事的人，因害怕别人发现他的恶事就会天天做恶梦，他虽在人间，心却早在地狱中了。而行善之人，光明磊落，与人为善，无名利得失，虽身在尘世，心却早在天堂了。

事实上，善和恶有时只是一念之差、一线之距。看丰子恺先生的回忆录，里面记载着一段关于他的恩师李叔同的轶事。上音乐课时，有一个学生在下面看闲书，另一个学生则随地吐痰。李先生是个极其严肃的人。他当场看到了却不出声。下课后，李先生请那两位同学留下来，用很缓和的声音对他们说，下次上课时不要看闲书，也不要随地吐痰。两个学生觉得老师小题大作，刚要申辩，只见这位德高望重的先生向他们鞠了一躬，两个学生顿时满脸通红。

在善面前，只有春风化雨般的滋润，这里没有高低贵贱之分。当一个人心中只有善念的时候，一切尘世间的浮华光景早已退却，只有一个个平等和应该尊重的灵魂。

人世间最宝贵的是什么？是善良。法国作家雨果说得好："善良既是历史中稀有的珍珠，善良的人便几乎等于伟大的人。"

善良是一阵阵春风，吹开了彼此设下的心防，温暖了彼此，打动了你我；善良是一把金钥匙，打开了一扇属于自己的成功之门；

善良是一股花香，一片绿叶，一缕阳光，美化了世界，美化了心灵。做一个善良的人难道不是你我最完美的选择吗？

　　善良传递温暖打动人心，善良最大的价值在于能带给人无限希望与温暖。善良的爱是人们前进的动力，是人们奉献社会的基石，是人们创造奇迹的力量。它感动了你我，也鼓舞了大家。每年评选出的"感动中国"的先进事迹，不论小的彼此关心照顾，还是到大的全国人民齐心协力共援汶川，处处呈现出人们善良的本性，都流露着彼此幸福的爱，都感动了你我，震撼了我们的心，而在共抗非典、共防甲流中，在外留学的学生们为防止回国所引起的不良影响，而共同延迟回国，这就是他们善良的表现。而我们生活中，将同学掉在地上的书随手捡起，在冷天帮在校生多带件衣服，为同学买早餐，无不流露出彼此的关怀，也体现出那颗善良的心，或许互看不顺眼的两个同学会因此而成为好朋友。善良给人以爱，给人以温暖。不要忽视善良的存在，做一个善良的人。

　　善良创造机遇，成就辉煌人生。善良是各行各业所需要的最基本的品质，善良不仅能使其得到各方的认同，也使他在人生道路上得到长足发展，并能促使他做出正义而有道德的选择，有善心的人懂得报恩，懂得为人处事，易成就一番事业。正如大家熟知的一个故事：在风雨交加的夜晚，各旅店都已满员，一对中年夫妇来到一个旅店，正在值班的服务员并没有急着赶他们走，而是请他们住在自己的小房间内，以免受凉，这对夫妇付钱给他，他说："这是我应该的，且这不是旅店所需付钱的客房。"正是他这一善良的举动，使其成为一家五星大酒店的管理者，也使他的事业如日中天。或许是一个小小的善良的举动却能让人发现你的不同凡响，或许只是一片小善心却能让你闪出你的光彩，做一个善良的人，点亮自己的五彩人生。

善良照亮明天，美化世界。一点一滴的善良可以汇聚成一股股暖流，涌流在世界的每一个角落，温暖每一个人的心，拉紧每一个人的距离，让世界充满爱，充满和谐和温暖。善良越多，贫穷越少且幸福越能充满世界。所以让我们做一个善良的人，为世界贡献一份力。

善良是发自内心的，是彼此关心与帮助却不求回报的，是用爱来温暖他人的。做一个善良的人就要学会付出，学会爱他人，将自己的温暖和快乐传递给他人，让世界印上自己美的记号。

我读到国外的一则小故事：一场暴风雨过后，成千上万条鱼被卷到一个海滩上。一个小男孩每捡到一条便抛到大海里，他不厌其烦地捡着。一位恰好路过的老人对他说："你一天也捡不了几条。"小男孩一边捡着一边说道："起码我捡到的鱼，它们得到了生命。"一时间，老人为之语塞。

美国作家马克·吐温称善良为一种世界通用的语言，它可以使盲人"看到"、聋子"听到"。心存善良之人，他们的心滚烫，情火热，可以驱赶寒冷，横扫阴霾。善意产生善行，同善良的人接触，往往智慧得到开启，情操变得高尚，灵魂变得纯洁，胸怀更加宽阔。多于他（她）们相处，你不需要有所顾忌，有所防备，而会感到很舒服……

心与心的沟通，爱与爱的传递，本来是生活中稀松平常的举动。可是，为何有时爱心变成了奢望，善良也只能可望而不可及呢？反到倒是那些看似毫不相干的人，在危难时伸出一双手，在渴望慰藉时掏出了一颗心。其实，爱是没有界限的，给善良设防的是冷漠的心。

善良是一种智慧，是一种远见，是一种自信。是一种精神的力量，是一种精神的平安，是一种以逸待劳的沉稳。是一种文化，是一种快乐，一种乐观。

善良能使人漂亮，美好的品行能帮你塑造美好的形象。你做过的事，说过的话，动人之处都会存在心里，点点滴滴积累起来，慢慢地令你周身透出可亲，动人和美丽的光芒，充满迷人的魅力。

一个人只要有善心，就会变得有修养，有品位。这就是善良的魅力。

前不久看到这样一幕：妈妈带着儿子在街边摆小摊。小摊的旁边停着一辆汽车。小男孩很淘气，用力拍打汽车；妈妈呵斥了几次，小男孩不理会，仍自顾自地拍打。妈妈生气了，抓过小男孩就往屁股上打。小男孩怕是被打皮了，不哭不叫，但等妈妈走开后，又跑过去拍打汽车，边拍边斜眼看着妈妈，像有意跟妈妈作对似的。妈妈做生意正忙，又见儿子淘气不听话，火气更大了，怒气冲冲走过去准备再打小男孩。

正在这时，汽车门开了，从里面下来一位女士。女士走向小男孩，弯腰递给他几颗有着精巧包装的糖果，笑眯眯地说：很好吃的，拿着吧，好好玩，不惹妈妈生气，好吗？小男孩怯怯地接过糖果。女士重新进了汽车，小男孩像被施了魔法，乖乖地坐在小摊旁边，果然没再淘气。那妈妈原本很紧张，见是这样，便心存感激地安心忙生意了。

近旁的卡卡龙被这一幕深深感动了。原来善良如此有魅力，柔软中却见征服的力量。

设想，如果车主见爱车被淘气的娃娃伤害而破口大骂，那结果会怎样呢？很可能小男孩因遭责骂，逆反心理再加砝码，继而做出更恶毒的破坏，久而久之，小男孩的心理和行为轨迹就会不可遏制地向相反的方向滑行。

人世间的善和恶，说复杂也复杂，说简单也简单。打个比方吧，把恶比作"–1"，把善比作"+1"，两恶相加，便是恶上加恶，两善相加，便是善上加善，善和恶相叠，那恶便被抵消了。小男孩恶的冰凌就是被车主善的暖炉给融化了，化成温柔的清水。

卡卡龙曾经参加过一次职场培训。培训中，学员们就"人之初，性本善"还是"人之初性本恶"展开了辩论，正反对半，各执一词，但最终还是被老师拉回到性本善的轨道。古往今来，国内国外，"人之初性本善"还是被广泛肯定的。之所以一些人在成长过程中表现出恶的一面，很大程度上跟外界因素有关，而善和恶的相互影响就是重要的外界因素之一。如果卡卡龙们对表现出恶的娃娃们多施予善，用善来感化他们尚处朦胧的恶，那么娃娃们内心善的火苗就会越燃越亮。否则，以恶对恶，那恶的雪球便会越滚越大，让原来善的人最终走向恶的悬崖。

善良如花，并且是花中之蕊，不仅展示美丽，还会留下蜜的芳香；善良似雨，并且是和风中的细雨，却有滋润万物的无声力量；善良更是一把利剑，感化众生，撼动良知。善良的人有如花的美丽，如雨的润泽，如剑的锋芒，哪怕她相貌平平，你都会觉得她美若天仙，可爱可敬。世界绝不会因为恶行而变得丑恶，却可以因为善举而变得更美丽。

看过一个故事，让卡卡龙记忆犹新。一个人贩子，拐了一个5岁小男孩。这个小男孩很机灵，没有像其他的娃娃那样厮打喊叫，而是一直叫人贩子"叔叔"，并且从口袋里掏出糖给他吃。小男孩的举动唤起了人贩子尚未泯灭的良知，他想起了自己还有一个家和一

个 5 岁的女儿，女儿也喜欢吃糖，每次吃糖，都要送到他嘴里一颗。善良的本性在人贩子内心萌动，最后，他投案自首。

也许是随着年岁的增长，我对"善良"这两个字有了越来越深的感触，越来越强烈地感受到学会善良对一个人的重要。什么是善良？我真的很难给它下一个准确的定义，但善良这个词却时时在我的心头跳动……我每天都被善良感动着，也因为种种冷漠与邪恶愤怒着！我每天都在反省着自己是否善良。

我觉得一个善良的人首先是一个敬畏生命的人。

如果一个人对一个鲜活的生命都能漠视甚至残忍地杀害，那他一定不是一个善良的人，甚至不能算一个"人"。什么是生命？虽然我们不难区分什么东西是有生命的，什么东西是没有生命的，但给生命下一个科学的定义却是千百年来的一个难题，至今没有完全解决。这个问题直接关系到对人类自身的理解。现代生物学给出的一般的科学定义大致上是这样的：生命是生物体所表现的自身繁殖、生长发育、新陈代谢、遗传变异以及对刺激产生反应等的复合现象。这个定义很笼统，缺乏感性。人们对生命的深切理解和感悟都是在生活成长中逐渐形成的。

我又想起了我的童年时代。童年的我，是个异常顽劣的孩子：我喜欢捉一些小昆虫，给它们施尽酷刑来折磨，看着它们痛苦挣扎的样子，我却高兴得拍手叫好；初夏时节，田间小路上一只只小青蛙欢快地蹦跳，我也欢快地以踩青蛙为游戏；我还经常和小伙伴们用弹弓打上几只麻雀，活生生的便用手把它们的头揪掉，用泥裹起来，放在火上烤熟了吃……

最令我难忘和震撼的是，有一年春天，家里飞来一对燕子，它们不停地衔来泥草在我家的屋檐下筑了个窝，不久竟孵出一窝小燕子！小燕子在爸爸妈妈的精心照料下一天天长大。可它们怎么会想到，在自己的安乐窝下面，正有一双贪婪的眼睛不时地仰头窥视着。它，便是我家那只大花猫。而我，扮演了一个"助纣为虐"的角色！一天，我趁小燕子的爸爸妈妈出外觅食之机，立即搬来一个板凳放在燕窝下面，抱起大花猫站在板凳上凑到燕窝边，只见大花猫倏地一口就叼起一只羽翼未丰的小燕子，从我手里跳下去，几乎同时，燕子爸爸妈妈回家了，当它们看到自己的孩子在凶残的猫嘴里无力地挣扎时，不顾一切地飞撞向猫。然而毕竟力量悬殊，它们的孩子被大花猫三两口便吞进肚里，但它们仍发疯般地飞撞着，飞撞着。第二天早上，我在屋子的墙角发现了一只燕子，它头破血流，已没了气息。那时我只想着我家的花猫终于有了一顿美餐，却没有体会到父母亲眼看到自己的孩子被一口口吃掉时的悲痛和绝望……

我们一天天长大，经历了人世太多的生老病死悲欢离合，品味了天底下太多的人间疾苦，童年的那一幕凄惨的场景越来越清晰地浮现在我的眼前，燕子爸爸妈妈发疯般救护孩子的英勇身影、小燕子在猫口中无力挣扎的恐惧和无助时时刺痛着我残忍自私的心灵。我家那只花猫只是解了解馋，却夺去了一只小燕子的生命，还让它的父母承受了丧失孩子的深痛折磨……我渐渐懂得了珍惜生命，敬畏生命！

孟子认为"人之初，性本善"，荀子认为"人之初，性本恶"，然而我却觉得善与恶都是一种情感与情绪的外露。一个人来到这个世上，本无所谓善恶的，他的眼里只对一切感到新奇和好玩，而只有当他亲身体验了人世间的喜怒哀乐，并设身处地地把这种情感延伸到别人以至世间万物，他的心底才渐渐产生善念。

孟子的《齐桓晋文之事》讲述了一个"见牛未见羊也"的故

事：一次齐宣王坐在朝堂上，有人牵头牛走过堂下。齐宣王因为"不忍其觳觫，若无罪而就死地"而要求"以羊易之"。孟子曰："是心足以王矣。百姓皆以王为爱也，臣固知王之不忍也。"但同时指出齐宣王"见牛未见羊也"。

可见，"见"与"不见"是善良与否的关键！并不是它们不存在，而是我们没有看见，或者不愿看见。我们不要一想到自己的生命便清醒地认识到：生命对于我只有一次，而对别人的生命却漠然视之，对那些不会言说的生命更是肆意践踏和摧残！并把这当成一种玩乐和刺激。

人们不仅拿弱小者的生命不当一回事，在杀生上也日益翻新着花样。当今有些人特别讲究吃新鲜的肉，吃法之残忍，令人触目惊心，胆战心惊。

是的，人类为了更好地生存就要吃肉，就要杀生，这似乎是个不可调和的矛盾。但一个生命的消亡必然伴随着疼痛，动物和我们一样，只是不能开口说痛。我们能不能不要太残忍和血腥，能不能让动物在临死的时候少受点折磨和痛苦，给它们死的尊严！

在德国，喜欢吃鱼的家庭中，长年备着一种药丸，它是专门为鱼制造的。在杀鱼做菜之前，德国人会把这种药丸给鱼喂下，待鱼昏迷以后，再对它进行宰杀。他们之所以这样做，目的是为了使鱼在死亡的时候感觉不到痛苦。

新修订出版的《新华字典》，在动物方面删除了如下内容："狸：毛皮可制衣物"；"鹌鹑：肉可以吃"；"鲳：肉细腻鲜美"；"牛：肉可吃，角、皮、骨可做器物"……有关人士指出，这样的改动，是基于对生命的尊重。

善念实际上也是一种平等的观念，对待世间每一个有生命的个

体，不论大小强弱，不分贫富贵贱，都能以平等的眼光看待，尊重
并加以呵护。人作为一种高级动物，不仅可以统治万物，更应该体
察万物，为众生做不请之友。

厄运

在漫长的人生旅途中，厄运几乎是不可避免的。我几乎每天都
看到听到发生在我们身边或者离我们似乎很遥远的人间悲剧：家庭
变故、重病缠身、生意破产……人世间，人人都惧怕厄运，潜意识
里都想厄运和不幸千万别降临到自己头上，也总把自己看得比谁都
重要，似乎上帝应该额外地开恩，让自己平安幸福地度过一生。就
连在佛寺里，那些善男信女，他们也是为自己和自己的亲人祈求平
安。最大的厄运恐怕就是灾难了，有天灾有人祸。灾难袭来，一个
鲜活的生命瞬间便消逝了。如果在一次灾难中，自己的亲人也不幸
卷入其中，当我们怀着恐惧的心情，心急火燎地赶到灾难现场，我
们首先想到的就是自己的亲人是否还存活着，而别人的生死此时似
乎无关紧要。当然，这些都无可厚非，毕竟自私是人的本性，何况
是在人人惧怕的灾难面前。然而，有些人，对于正在遭受厄运和灾
难的人却表现得很冷漠，像拒绝厄运般拒绝着遭受厄运的人，好像
这样就远离了厄运。更有甚者，在别人落难时，他落井下石；在别
人痛苦时，他幸灾乐祸！他们从不会想，当这一切来临时，我们该
怎么办？

每次读周国平先生的人生寓言《落难的王子》后都感慨万分：
"天哪，太可怕了！这事落到我头上我可受不了！"然而，厄运最终
还是落在了王子的身上。厄运落在别人身上，自己是个旁观者，一

旦落在自己身上，自己便成了承受着。是的，厄运降临到谁的头上谁都应该承受，也都能承受，可我觉得那种承受是一种被迫和无奈的承受，显得悲壮和凄凉。我们能否设身处地地想想，当一个人遭受厄运，又面临一张张冷漠和嘲笑的面孔时，他的内心该是多么悲凉和孤独。冷漠是比厄运更可怕的！有一首歌这样唱道：只要人人都付出一点爱，世界将变成美好的人间。即使我们在物质上帮不了他们什么，至少可以放低自己的姿态，在精神上温暖他们，鼓舞他们，让他们在厄运面前感到一丝人间温情，增加他们战胜困难的勇气。

人常说"善有善报，恶有恶报"。此谚多少有点宣扬"因果报应"的迷信思想。当然，我相信每个善良的人每做一件善事并不想着要得到什么回报。

在古希腊哲学家苏格拉底心中，善具有至高无上的地位。苏格拉底认为：人生的最高境界是善。善是我们一切行为的目的，一切为了善，而非为其他目的而行善。

美与善良

常在网上看到一些把某位女性称颂为"最美……"的帖子：在暴雨中为行乞的残疾老人撑伞自己却被淋透的"最美撑伞女孩"；为溺水老人实施人工呼吸的"最美护士"；奋不顾身用右臂接住一个从10楼坠落的2岁女童的"最美妈妈"；在失控的汽车冲向学生时，一把推开两个学生，自己却被车轮碾轧，造成全身多处骨折，双腿高位截肢的最美女教师……我常常想，是什么力量驱使这些柔弱的女性在危难面前、在别人的生命受到威胁的紧要关头挺身而出？我想，这种力量来源于她们身上的善良。美是女性的专利，没有不爱美的女人；善良也是女性最可贵的品质，因为女性身上有天生的母性，为女性的存在意义注入柔风。她们之所以被称颂为"最美"，就是因为她们在别人需要帮助时，在危险降临时，她们把自己外在的美抛在了脑后，而把自己的善良发挥到了极致！善良是美，并且是最美！

　　我有一位朋友，自身条件很好，但30多岁了仍然没有结婚，亲戚朋友们给他介绍了好几位女友他都不满意。一次我问他对女朋友有什么要求时，他说只有两个字：善良。我笑了，我说这个要求说低也低说高也很高。据一份调查显示，女性漂亮是73%的中国男性的择偶要求。是呀，身边整日有一位赏心悦目的漂亮的女孩陪伴，心情一定不错，然而，如果一味地追求漂亮，却忽视了女孩作为一个人善良的本质，也是不可取的。

　　如果一个女人生得美若天仙却心如蛇蝎，那么，你和这样的女人生活在一起，哪怕她笑容再甜蜜，话语再温柔，但你的心里却得时时提防她的阴谋和陷阱！就像看到眼前的美女却立即想到她死后白骨骷髅的样子，该是何样的心情？找对象是要找和你一辈子生活在一起相濡以沫的人，是要找一个心灵的港湾，要让你感到踏实和温暖，只有心里感到踏实和温暖，才有幸福可言。

　　写到这里，我仍然意犹未尽，我觉得一个人的善良还表现在很多方面：不仗势欺人，不徇私枉法，不作奸犯科；学会宽容，懂得感恩，甚至以德报怨……虽然我仍不能对善良下一个准确的定义，但我想，不管我们身居何处，是贫贱还是富贵，只要我们怀抱着一颗爱心，设身处地地替别人、替每一个生命、哪怕只是一棵小草着想，并尽自己的所能给他（它）们以帮助，"老吾老以及人之老，幼吾幼以及人之幼"。真是这样，那么人世间的一切困难不幸都可以用我们的善良去克服，我们人类也才可以与自然和谐相处，我们生活的这个世界也一定会更加幸福美满。

"生命是有限的，从一定意义上说，我们无法将生命延长到理想的程度，我们所能做的，就只有提高这有限的生命历程的质量，在有限的人生旅途中多奉献一份爱，多承担一份责任，多收获一份意义。"

（六）无私以成其大私

世界上，存续时间最长、影响最深远、最能改变人类命运的是宗教组织和学校。

它们的共同点是：以创造并传播超越个体生命意义的价值观、教育和塑造能够延续组织生命的人才为使命。

为了完成这一使命，它们都有固定的场所（教堂、寺庙、学校等），专门的经书（经书、教材）。

近世纪以来，西方国家连年的稳定和强盛，倚赖与宗教精神交相辉映的自由、民主、独立这一超越个别阶级阶层的普世价值观和捍卫这些价值观的相对完备的法律政治体系。

与此相仿，在商业文明史上，生命力最长的企业，恰好也都是拥有超出个体或经营者自身狭隘利益的核心价值观的那些公司。

所谓追求卓越或已在卓越之列的公司区别于其他公司的标志，恰恰是价值观而不是利润。心离钱越远，钱离口袋越近。要想使自己的企业组织获得永续经营的基因，就一定要顽强地坚持和拼命地追求超越个体利益和经营者团队利益的价值观，这种价值观只和人的生命或社会的进步有关，关乎人类的终极幸福与命运。摒弃一切小我；惟其如此，方能"非以其无私耶，是以成其私"，令企业像其他长寿组织那样，在生产产品、提供服务的同时，和人类社会的终极目标渐趋吻合，获得一种长久提升和延续价值的生命基因。

但凡超越个体利益的价值观（理想），其历史性作用主要表现在三个方面。

首先，能够触摸芜杂表象背后的真实，有意无意踩中历史发展的规律道路和暗合市场竞争的大趋势。比尔·盖茨成为全球首富，微软成为冠盖全球的超级公司，正是起于对人类智慧追求的使命，和对人类命运的终极关怀。斯蒂夫创造"苹果"传奇，使公司数度起死回生，不在于他对利润比别人更敏感，而是对理想的发疯般的坚持。马云全球问道回来后，最真切的感想是那些为理想而不是为利润活着的公司将长命百岁并且"心中无敌则无敌于天下"。原因是，这样的公司，通常都富有远见，洞烛先机，不被眼前或个体的短期利益所蒙蔽，从远处大处着眼，剪裁企业的发展战略，去除一切短视和囿于个体利益的机巧权变，成为战略引导型而非机会引导型的长寿公司。站得高是因为你站在个体利益之上，看得远是因为你总是从最远处回望到自己的脚下。所谓高瞻远瞩就是要把利益的基点拉长，从自己拉向大国家、甚至全人类，从现在就拉成永远。

其次，是引导领导者算那些算不清的账。人或企业其实很难算清一生能挣多少钱，但恰恰是在这算不清的地方耗费了无数时间，开了无数的会，绞尽了无数的脑汁，到头来仍然是事与愿违，时时处处是"没想到"或"不尽然"。世上的事原本是清楚的，但因为有三样东西，使它变得模糊和各有各的不同，从而形成各自的取舍。

一是时间。同样的东西，在不同时间段上截取，其价值就大不同，例如秦砖汉瓦，在当时是砖，无足轻重，搁今天就是文物，乃无价之宝；时间抻得越长，价值就越高。二是跟谁做。同样的钱，放在君子手里是善款，放在盗贼手里是赃款。三是价值观。世上之所以常常发生"人舍我取、人取我舍"的事，主要是不同的人对同样的事的价值判断不同导致的；世上有无数种吸引人的事物和利益组合，在凡人和伟大的人看来它们的面貌完全不同，凡人有凡人的一套价值观如吃喝玩乐、人不为己天诛地灭、得便宜时且便宜等，伟大有伟大的逻辑，比如高瞻远瞩、宽以待人、严于律己、为人类工作、为天下求福、毫不利己专门利人等等。所以，小人取近，君子求远；小人常戚戚，君子坦荡荡。建立超越股东和经营者利益的价值观无非是引导企业家把账算大、算远，多算人、少算己，最终把企业彻底同客户、员工和社会的根本利益联系起来，令企业获得永续经营的根基。

第三，商场竞争、企业搏命有如战场厮杀，对员工的智慧与毅力的要求是第一位的；经营企业犹如经历人生，苦难和波折、甚至死亡的考验总是如影随形，这时，究竟是什么让企业家在千辛万苦中保持旺盛的热情和坚强的毅力？我们看到，但凡宗教信徒和意识形态的偏执者都蔑视普通人所经历的痛苦，不光轻蔑，而且表示快乐甚至很享受这类苦难，以为和苦难相伴是为理想献身，是一种崇高的奉献。古人说唯有坚韧不拔之志，才能有坚韧不拔之力。所谓"志"，其实就是一种理想，一种超越生命个体的信仰和追求。理想仿佛是黑暗隧道尽头的光明，因为有光明，我们才不怕黑暗，使坚持和顽强地前行变得有意义。如果光明一旦灭失，我们就会陷入迷茫，失去方向，就会被死亡的恐惧所摧毁。一个永续经营的企业，其领导人的勇气和毅力最为关键，如果没有超越个体利益的理想追求和价值观牵引，就注定会失去斗志，临阵溃败。另一方面，组织内部一旦拥有超出股东和经营者的价值观时，组织成员之间价值观认同就会超越金钱认同，从而形成一种异乎寻常的协调性和凝聚力，从而形成克服一切困难、甚至奋不顾身、勇于牺牲的巨大力量，令组织能够以最小成本（代价）战胜最大的恐惧和困难。近些时候，我们常常会从宗教方面看到类似的故事，其实，不光宗教，在人类历史上，个人、政党和卓越的商业组织都不乏这样的故事。因此我们今天应该更多地检讨自己的企业是否拥有或者希望拥有这种能够"化腐朽为神奇"的价值观和理想精神。

老子说："非以其无私耶，是以成其私！"

一个一生行善的基督徒临终时，想求上帝允许他看看天堂与地狱有什么区别。于是天使就先带他到地狱去参观。到了地狱，他见到一张很大的餐桌，桌上摆满了丰盛的佳肴。

"地狱看起来还不错嘛。"这位基督徒心中暗想。一会用餐的时间到了，只见一群饿鬼一涌而入，每个人手中都拿着一双几米长的筷子。可是由于筷子太长，最后每个人都只能夹得到却吃不到，很是悲惨。

到了天堂，同样的餐桌和佳肴，只是进天堂的人穿的比较整洁，每个人也同样拿着一双几米长的筷子。"这不是和地狱一样嘛"基督徒心中嘀咕。开饭了，但见这些人同样也用长筷子夹菜，可唯一不同的是，这些人并不是给自己吃，而是给对面的人吃，所以每个人吃得都很愉快。

《道德经》第六章："天长地久。天地所以能长且久者，以其不自生，故能长生。是以圣人后其身而身先，外其身而身存。非以其无私邪？故能成其私。"

老子认为，天地由于"无私"而长存永在，人间"圣人"由于"忘私"而成就其个人的人生理想。

老子用朴素辩证法的观点，说明"利他"和"利己"是统一的，利他最终必然自动转化为利己，老子想以此说服人们都来利他。这种谦退无私精神，有积极意义。

老子的话的反面解释便是，如果你太在意自身，如果你一心自我经营，如果你老是往前抢，锱铢必较，反而你什么也得不到。有时，你越是经营自身，完蛋得就越快。你的私心越重，越是时时事事为自身着想，越是成为笑柄，暴露丑态，也就越是什么都做不成。

老子的这一段话是最好懂、最不奥妙却也最难做到的。熙熙攘攘，大千世界，各种蝇营狗苟的事我们看得还少吗？跑官的，跑财的，跑关系的，炒作不已的，洋相百出的，辛辛苦苦的，徒劳无功的，轻举妄动的，用东北话来说得得瑟瑟的，适得其反的，我们还见得少吗？还需要举例子吗？

而如果你有足够的境界、足够的理念、胸怀与信心，那么成不成其私根本不是需要你计较的问题，你总是有更高明一层的思想与关怀，你总是有更深远一层的见识与思考，你总是有更前瞻一步的规划与希望，你总是有更优越的见识、风度与成就。至于你的个人私利，即使你还做不到百分之百地置之度外，也完全能做到一笑置之，听其自然，无可无不可，而把精神头脑用在真正的事业、真正的大道的追求上天地以其宽广而容纳万物，这是极大的无私，而天地长存是极大的自私。天地为万物提供一切，舍弃自己，并无私心，可是为何却有一种长存的自私行为呢？

在一场战争中，仅存活下来两位士兵。士兵甲只受了一点轻微的皮外伤，士兵乙却断了一条腿。两人站在硝烟弥漫的战场上，四目相对。忽然，一架敌方的飞机正在他们上空盘旋，继而投下一枚导弹而去，导弹向两位士兵的方向飞来，也不知瞄准了谁。这时，士兵甲几个箭步把士兵乙扑倒在地上，用自己的身体保护着他。轰隆隆——导弹爆炸了，他们没有被导弹伤到，那导弹在士兵甲刚刚站的地方爆炸了。

在如此危险的关键时刻，士兵甲毫不犹豫地不顾自己安危跑去保护士兵乙，正因为如此无私的行为才让他自私地挽救了自己的生命。是他伟大的无私成就了他小小的自私。

在生活中，努力为社会做贡献、无私地奉献的人，社会也绝不会让他吃亏的。更何况真正做到了无私奉献的人是不求回报的。我们每一个人只有先关注集体的、国家的利益，自己个人的利益才有保障。集体散了，国家垮了，个人也无从得到利益。

天地为万物奉献一切，他的无私成就了他的长存。让我们每一个人像天地一样无私地奉献吧！那么社会会像宇宙一样安宁、和谐、而又繁星满天，我们也会像星星一样闪闪发光。

（七） 自私自利要不得

在佛教中流传着这样一个故事：韦婆多是一个很爱说警告语的尼姑。她为了满足自己的欲求，常常以警告来阻止别人去获得。

她虽然出家受戒，但是却蔑视佛门的法规。她贪嗜食物，每次入城乞食，总是挑拣其他尼姑所未到的一角，独受精美的供养。她被味觉之欲所囚，心想："假如其他的尼姑也到那里去乞食，我将什么都得不到，我必须设法使她们不到那儿去。"

于是她来到尼姑的居所，对尼姑们警告道："长老尼啊！那个地方有可怕的大象、暴戾的马、凶狠的狗徘徊着，是非常危险的地方，大家不要到那边去乞食。"

尼姑众听了她的话，从此没有一个人到那地方去乞食。

有一天，她往那里行乞，正向一户人家走去时，突然一只凶狠的狗冲了过来，使她的脚骨折断。邻近的人急忙跑过去，为她包扎伤处，用床抬回比丘尼的居所。

大众疑惑不解，她既然警告别人，为什么自己却往那里去而折断脚骨回来？不多久，大家终于明白了，僧团里此起彼落谈论着她的不道德。

佛陀知道后，告诉大众道：她爱说警告语的习性，并不是现在才有，在过去生时就如此。当时，我是一群鸟中之王，她是我鸟群中的一只雌鸟，她生性暴乱自私。有一次，我率领数十万只鸟飞往雪山，途中停留在一座森林里。那一天，所有的鸟都飞出去觅食，唯有这只暴乱的雌鸟向大路飞去，她拾到从车上掉下来的米、豆、果等食物。吃饱后，却不想让别的鸟到这里来，免得好东西被其他的鸟分食。于是回来警告鸟伴们说："大路实在危险，有大象有马，还有可怕的牛拉车子通过。我们不能急速起飞，偶有差错就会粉身碎骨，所以不要往那个方向去。"

果然，所有的鸟都不敢飞往大路去。雌鸟很安心。有一天，当她又到大路觅食的时候，听到疾驰而来的车声，回头一看，距离还远，也就依然四处走着，这时候，车子像飞也似的疾驶过来。雌鸟来不及飞起，车轮就从身上辗过，被裂成两段。

所以，光知道警告别人，自己却不实行，又自私自利的人，就会常常招致苦报。弟子们听了，都深深警惕私欲的可怕。

以自我为中心是人的本能。人在这个世界上，往往最爱的人就是自己，在做一些事情的时候，往往最先想到的是，我能得到什么？我会不会受到损失？其实，为自己考虑本无可厚非，但如果过分地只为自己着想而忽视他人的感受和利益，甚至为了自己的利益不惜去牺牲别人的利益，那就是自私自利了，是极为不妥当的，如果发展到一定程度，还有可能走到犯罪的边缘。

为自己谋利并不是什么坏事，比方说你经常加班，一方面你是为公司做事，为社会做事，另外一方面你也是为了赚钱，满足需要。这个时候，一方面体现了你的敬业，一方面你也是在为自己谋利，这是很自然的事情，没什么不对。如果像有些品德高尚的人，他们帮助别人，不求任何回报，当然，这属于另一种境界了，他们是不折不扣的先人后己，让我们尊敬。

现在媒体上经常报道的贪官污吏，那都是自私自利发展到一定程度的后果。他们利用职权之便，贪污公款，行贿受贿，为的是满足自己的物质需求。他们得到的一切并非通过自己的努力而来，他们拿走的是国家的钱、纳税人的钱，所以，他们必将受到法律的惩罚。如果他们不是私心过重，怎么会白白地葬送了自己的大好前程呢？

这些人在损公肥私的时候，只是在物质上、权势上满足了自己，暂时得到了一点好处，但他们付出的却是人格和灵魂的代价。他们失去了纯洁美好的良心，一生都得不到安宁。

自私者的算计到头来终将是一场空。

很小的时候，我们就听过孔融让梨的故事。那个故事所讲述的道理连幼儿园的小孩子都懂，就是做人做事的时候不能自私，要先人后己。随着年龄的增长，可能有的人就忘记了最初受到的那些最浅显也是最重要的教育，不是自己的东西不要拿，做事要时时想着他人，不能光顾自己。这些道理是指引我们一生的明灯，任何时候都不可抛弃。

《无量寿经》说：心常念恶，口常言恶，身常行恶，曾无一善。又说：心口各一，言念无实。所以，善导大师说我们的善都是杂毒之善啊。还有什么不承认的呢。

慧净上人说，佛法就像一面镜子，来到镜子面前，就能看清自己是美丽还是丑陋、是干净还是肮脏。就让这几句法语作为镜子，来照照我们的身心，是怎样一个心性刚强、难调难伏的人；是怎样一个功高我慢、桀骜不驯的人。

所以谁敢说自己的善里没有毒呢。谁敢说自己的善里都是为别人呢。南无阿弥陀佛！

人生活的空间是一个群体性的空间，是人就不能离群索居。在这个共存的社会空间中，我们所接触的都是各种人、事、物。要使自己活得更好一些就不能自私自利。这与"私心"还是有本质区别的。"私心"谁都会有。一个人如果私心过重慢慢地就会变得自私自利了！生活中，不可做自私自利的人。大凡这样的人都是以损害公共利益、他人的利益来满足自己的私欲，也可以用贪婪来形容，自私自利的行为都是贪婪所致。特别是在日新月异、物欲横流的今天，有多少人贪图享受，过分追求物质生活而不择手段，什么抢劫、偷盗、绑架勒索、杀人越货，种种罪恶和丑陋现象可以说层出不穷。贪婪能使人忘记和忽略一切，哪怕是人格、尊严乃至生命！

人的欲望是无止境的，在不断满足欲望的同时也就慢慢地迷失了自我，从而产生了一种错觉，错以为财富、地位就代表了自己的面子，体现了自己的价值。当这一切在某一天发生就急剧的变化时，精神就会彻底地垮掉！在人的一生中，物质与精神都是重要的，更为突出的还应该是精神。一个人如果没有精神，别的也一定会好不到哪里去！人生最好的境况应该是满足于衣食住行的大致所需，有能够覆盖一块天地的精神财富。现实中，能有这种状态和境界的人也不少，但是自私自利的贪婪者与自私自利与自身的爱根本不同，实质上截然相反。

自私自利的人并不是十分爱自己，而是根本不爱自己；事实上，还厌烦自己。这种对自身缺乏爱、缺乏关心的现象，仅仅是他缺乏创造性的一种表现；这样会使他感到灰心丧气，感到寂寞而空虚。由于要从生活中获得一种他给自己规定的而得不到的满足，因此他必定郁郁寡欢，焦虑不安。他似乎对自己十分关心，而实际上只是给自己定下一个难以达到的目标以极力掩盖和弥补对自身本质不关心的悲剧。

自私自利的人不能爱别人，但是他们也不能爱自己，这是千真万确的。

自私自利的人是自恋的人，好像他已把给别人的爱收回来，再把这种爱转向自己。（弗洛伊德语）

如果两个人相互"爱恋"而对别人冷淡无情或对别人根本没有爱，那么他们的爱在本质上是两个人中的一种自我主义；他们是臭味相投或亲密无间的两个人，通过从单独的一个人发展成两个人以解决孤独和空虚的问题。……他们结合的经验只是一种错觉。

对一个人自身生活、幸福、成长、自由的肯定，同一个人的爱人能力有密切关系，即同关心、尊敬、责任感及了解有密切的关系。

如果一个人能善于爱人，那么他也爱自己；如果一个人仅仅爱别人，那么他根本不能爱别人。

"公正无私"的人"不想为自己获得任何东西"，他"生活只是为了他人"，他认为自己不是十分重要；他为此感到非常骄傲，非常得意。他不理解为什么他公正无私而遭不幸，也弄不清楚为什么他同那么最密切的人的关系不是很理想。……实际上，他根本不能爱别人，根本不能欣赏任何东西；他对生活充满了敌意。在公正无私的假象后面，隐藏着一种微妙的但仍然不很强烈的自我中心……缺乏创造性的毛病是他"公正无私"的主要原因，同时也是其它一些病症缠扰他的深厚基础。

那么爱和无私是什么关系呢？

从根本上讲，爱并不是同一个具体的人的一种关系；它是一种态度，一种性格特征的倾向性。它所决定的是一个人同世界整个的密切性，而不是一个人同一个爱的"对象"的密切性。

如果一个人仅仅爱对方一个人，对其他的同伴漠不关心，那么，他的爱并不是一种爱，而只是一种共生性的依恋，或者是一种扩大了的自我主义。

如果我们真正爱某一个人，那么我们就会爱所有的人，爱世界、爱生活；如果我能对某一个说："我爱你"，那么我一定能说："从你的身上会体现我爱每一个人，通过你可以看到我爱世界，也会体现我爱自己。"

爱某人不仅仅是一种强烈的情感——它是一种决策，是一种鉴赏力，是一种诺言，是一种意志行为。

真正的爱是具有创造性的一种表现，它包含了关心、尊敬、责任感和了解。

爱某人就是爱的能力的实现和集中。寓于爱中的根本肯定，作为本质上具有人类特点的具体表现，是指向所敬爱的人。对一个人的爱，本身就意味着对人类的爱。

对人类的爱是对一个具体人的爱的前提和基础，虽然它是在爱具体人的过程中形成的。

在创造活动中达到的结合，不是人与人之间的心理结合；以狂欢或情欲放纵的形式达到的结合是转瞬即逝的结合；以从众和遵循公约的办法达到的结合是虚伪的结合。这只是生存问题的部分答案。生存问题的全部答案或完美答案则在于用爱达到人与人之间的结合，以及用爱达到同另一个人的结合。

成熟的爱是在保持一个人的完满性和一个人的个性的条件下的结合。爱使人克服寂寞感和孤独感，但爱允许人有自己的个性，允许人保持自己的完满性。

爱的主动特征是：主要是给予而非接纳。

给予是潜能的最高表现。正是在给予的行动中，我体验到我的力量，我的财富和我的潜能。这种增加生气和潜能的经验，使我感到无比快乐。

在物质方面，给予意味着富有。

爱是一种能产生爱的力量。

形形色色的伪爱，实质上是爱的堕落或溃散的多种变式。

终生沉迷于无节制的性欲中的男人和女人，或者那些终生毫无节制地满足性欲的男人和女人，并不会得到幸福。而且，他们常常有严重的神经病的冲突或症状。

神经病患者的爱的根本情况，就在于"情人"的一方或双方还依恋一位父亲或母亲的形象，把过去对父亲或母亲有过的情感和恐惧迁移到成年生活中所爱的人的身上；与此有关的人，从来没有自婴儿时期亲密感的模式中摆脱出来。在成年的生活情感要求上，他总是寻找这种模式。

伪爱：偶像崇拜的爱

将其所爱的人"偶像化"，背离了自己的才智，把自己的才智全倾注于其所爱的人身上，把他所爱的人当作"十全十美"的对象来加以盲目崇拜。这个对象，具有所有的爱、所有的光明、所有的幸福。在这个崇拜的过程中，他完全感觉不到自己的力量，使自己陷于所爱的人之中，因而发现不了自己。其典型特征是：爱的经验最初非常热烈，并且带有突发性，常被描述为真正而伟大的爱，然而，尽管这是想形容爱的强烈和浓厚程度，但只不过裸示出崇拜者的饥饿感和绝望感而已。极端情况下，双方的崇拜有时会呈现出一幅两个人放荡的画面。

伪爱：多情善感的爱

实质在于这样一个事实：爱只是在幻想中体验，不是此时此地在同另一个真实的人的关系中体验。

爱一定意味着没有矛盾或冲突，这是一种错觉。

两个人之间的真正冲突和矛盾，不应该掩盖和投射，而应该在矛盾所属的内部现实的深刻水平上得到体验。这样，他们之间的真正冲突和矛盾，对双方不仅无害，反而有利于他们使是非得到澄清，使矛盾和冲突得到解决；这导致一种精神宣泄，双方从中会获得更大的力量和更多的知识。

爱，只有两个人从他们的生存中心相互沟通，才是可能的。

最为重要的是，相亲相爱的人，一定要练习或实践专注感。

一个人若对自身不是很敏感的话，那他决不能学会专注感。

爱的成功的主要条件，是战胜一个人的自恋。

自恋是这样一种心理：一个人只把自身的东西体验为真实的东西，外界现象，本身就没有真实性，他只是从对他有益还是有害的观点出发，来体验外界现象。

与自恋相反的一极是客观性，即按照事物和人的本身客观而无偏见地观察人和事物的能力。并且，它也是区分客观的形象与由欲望和恐惧所形成的形象的能力。

各种各样的精神病，在很大的程度上，就表明了病患者不能客观地对待一切。

不健全的或做梦的人，是完全不能客观地对待外部世界的。

我们所有的人，对世界即被我们的自恋心理所歪曲了的世界，有一种不客观的看法。例如，在人际关系中，常出现歪曲和误解的现象。就自恋来说，它们因歪曲现实的程度而变化无常。

客观性是特例，人在一定的程度上多少有些自恋和偏见，这就是原则或规律。

客观地思考的能力就是理智；在理智后面的情感态度是谦逊感。

爱同自恋的消除密切联系。爱需要有谦逊感、客观性和理智感的发展。一个人整个一生应该献身于这个目标。

一个人获得了客观而无偏见的能力和理智感，就意味着爱的艺术之路，已成功地走完了一半。

爱的能力取决于一个人摆脱自恋的程度，取决于摆脱对母亲和种族非文明依恋的程度；它也取决于我们的能力，取决于我们在对世界、对自己的关系中所发展的一种创造性倾向的能力。这种摆脱、新生和觉醒的过程，需要一种品质作为必要条件。这就是信念。

对人自身有信念，是我们保证能力的一个条件。

就爱的关系而言，最重要的是一个要对自身的爱有信念，对于别人身上产生爱的能力要有信念，以及对爱的可靠性要有信念。

对别人有信念，最后会导致对人类有信念。

理性上的信念，其深厚基础是创造性的理智活动和创造性的情感能力。依靠信念的生活，意味着创造性的生活。

有信念需要有勇气，需要有承担风险的能力；甚至还要心甘情愿地接受痛苦和失望。谁始终把安全和保障作为根本的生活条件，谁就没有信念；谁以一种防御体系把自己封闭起来，且使疏远和独占成为防御体系中的安全措施，谁就会把自己变成一个囚徒。

被人所爱及爱人，需要有勇气，即需要有鉴赏某种作为重要事情的价值的勇气——以及快刀斩乱麻和把每一件事都押在这些价值之上的勇气。

爱的勇气是与绝望的勇气和孤注一掷的勇气对立的。

信念在每时每刻都在实践……我们应该把生活中的困难、挫折和忧虑看成是对我们的一种挑战，即克服它们使我们自己变得更坚强的挑战，而不是把它们看成是对我们的一种不公平的惩罚。这需要有信念和勇气。

每次背叛信念怎样会使人变得懦弱无能，长期懦弱无能又怎样会导致新的背叛。爱人意味着毫无保留地把自己的一切给予他人以希望我们的爱在被爱的人身上会产生爱。爱是一种有信念的行动，谁没有信念，谁就没有爱。活动性或积极性的态度是爱的实践的基础。

爱是一种积极性和活动性。如果我爱人，我是长期地处于一种对被爱的人的积极关心的状态之中，而不是只对他或她才关心。如果我懒惰，如果我不是处于一种意识、警觉和积极的状态，我就不能把自己与我所爱的人积极地联系在一起。

不感到厌烦和不令人感到厌烦是爱的主要条件之一。整天勤于用眼、勤于动手、思想活跃、感觉敏锐，避免内部的懒惰特性，也即避免采用一种接受、贮存或完全浪费时间的形式的懒惰特性，这是爱的艺术的实践不可缺少的条件。

相信爱的可能性，就是一种以洞悉人的真正本性为基础的理性上的信念。

解·析
人格的魅力

〈下〉

李正伟◎编著

中国出版集团

现代出版社

图书在版编目（CIP）数据

解析人格的魅力（下）／李正伟编著. —北京：现代
出版社，2014.1

ISBN 978-7-5143-2121-0

Ⅰ. ①解… Ⅱ. ①李… Ⅲ. ①人格 – 通俗读物

Ⅳ. ①B825 – 49

中国版本图书馆 CIP 数据核字（2014）第 008579 号

作　　者	李正伟	
责任编辑	王敬一	
出版发行	现代出版社	
通讯地址	北京市安定门外安华里 504 号	
邮政编码	100011	
电　　话	010 – 64267325　64245264（传真）	
网　　址	www.1980xd.com	
电子邮箱	xiandai@ cnpitc.com.cn	
印　　刷	唐山富达印务有限公司	
开　　本	710mm × 1000mm　1/16	
印　　张	16	
版　　次	2014 年 4 月第 1 版　2023 年 5 月第 3 次印刷	
书　　号	ISBN 978-7-5143-2121-0	
定　　价	76.00 元（上下册）	

目　录

第三章　博爱众生的人格魅力（下）

（八）原谅他人是一种大爱

有一首小诗这样写道："学会宽容/也学会爱/不要听信青蛙们嘲笑/蝌蚪/那又黑又长的尾巴/允许蝌蚪的存在/才会有夏夜的蛙声。"

原谅他人也就是宽容，宽容是一种爱。

在激烈的竞争社会，在唯利是图的商业时代，宽容同忠厚一样都成了无用的别名，让位于针尖对麦芒的斤斤计较。但是，我还是要说：宽容是一种爱。

18 世纪的法国科学家普鲁斯特和贝索勒是一对论敌。他们关于"定比"这一定律争论了 9 年之久，各执一词，彼此互不相让。最后的结果，是以普鲁斯特的胜利而告终，普鲁斯特成为了"定比"这一科学定律的发明者。但他并未因此而得意忘形，据天功为己有。他真诚的对曾激烈反对过他的论敌贝索勒说："要不是你一次次的质疑，我是很难把定比定律深入地研究下去的。"同时，他特别向公众宣告，发现定比定律，贝索勒有一半的功劳。

这就是宽容。允许别人的反对，并不计较别人的态度，而充分看待别人的长处，并吸收其营养。这种宽容是一泓温情而透明的湖，让所有一切映在湖面上，天色云影、落花流水。这种宽容让人感动。

我们的生活日益纷繁复杂，头顶的天空并不尽是凡·高涂抹的一片灿烂的金黄色，脚下的大地也不如天安门广场一样平坦。烦恼、忧愁，甚至能让我们恼怒、无法容忍的事情，可能天天会摩肩接踵而来——才下眉头，却上心头，抽刀断水水更流。我说的宽容，并不是让你毫无原则的一味退让。宽容的前提是对那些可宽容的人或事，宽容的核心是爱。宽容，不是去对付，去虚与委蛇，而是以心对心去包容，去化解，去让这个越发世故、物化和势利的粗糙世界变得温润一些。而不是什么都要剑拔弩张，什么都要斤斤计较，什么都要你死我活，什么都要勾心斗角。即使我们一时难以做到如普鲁斯特一样成为一泓深邃的湖，我们起码可以做到如一只青蛙去宽容蝌蚪一样，让温暖的夏夜充满嘹亮的蛙鸣。我们面前的世界不也会多一份美好，自己的心里不也多一些宽慰吗？

宽容是一种爱。要相信，斤斤计较的人、工于心计的人、心胸狭窄的人、心狠手辣的人……可能一时会占得许多便宜，或阴谋得逞，或飞黄腾达，或春光占尽，或独占鳌头……但不要对宽容的力量丧失信心。用宽容所付出的爱，在以后的日子里总有一天一定会得到回报，也许来自你的朋友，也许来自你的对手，也许来自你的上司，也许更来自时间的检验。

宽容，是我们自己一幅健康的心电图，是这个世界一张美丽的通行证！

　　宽容不是与生俱来的，也不是每个人都能达到宽容这个境界的。说实在的，宽容一次并不难，难的是一辈子都能做一个宽容的人。要宽容别人，其实有时也要学会宽容自己。

　　某次我在网上就投过和这篇文章题目一样的一篇稿子，大概是文笔欠佳吧，被退稿了。我能说些什么呢？只能笑笑，自嘲两句。我只好再给自己一次机会，打开笔记本坐在书桌旁，心平气和地重新构思一篇了。生活大抵也就是如此吧，小小的磕磕绊绊到处都是，我们就如一个做布朗运动的分子，必须时刻做好碰壁的准备。

　　不要总面对着生活慨叹，给自己多一点的理由去自信；给自己多一次的机会，相信只要坚持不懈，总会有与成功拥抱的那一天的。记住，给自己适当的宽容是很有必要的。如果生活中有100次的跌倒，那你就要有第101次地重新站起来。人总是要往好的地方走下去的，对吧?！看看那片蔚蓝的天空和辽阔的大海，退一步总是会海阔天空！

　　既然宽容自己是必要的，那么宽容别人就更有必要了。

　　宽容别人是一种境界，一种用一颗心去包容和感化另一颗心的境界。对别人的宽容也是对自己人格的肯定，我们存在在这个世界上，不一定非要使自己伟大，但一定可以使自己崇高。有些时候，别人伤害了我们，我们大可不必去寻机报复。想一想，也许是发生了什么误会，或是自己真的做错了什么，曾经也在无意间伤害了别人。无论怎样，我们要学会原谅别人。

　　宽容并非软弱，一个懂得宽容的人必定会享受到人世间最大的快乐的，会活得有成就感，会活得更有价值。学会在喧嚣的尘世中寻找一份宁静吧！

学会了宽容，你生活中的荆棘会变成娇艳欲滴的玫瑰，使你人生道路的两旁花香满径。记住，忍一时总会风平浪静。

宽容也是一种爱，一种无私的爱。学会宽容，也学会爱。心中有爱，沙漠也会变成绿洲；有宽容之心，生命之花也会傲视冰霜的。

拥有一颗宽容的心会促使你走向成功的巅峰，一个有远大志向的人是从不为一些无所谓的小事而斤斤计较的。宽容是一张走遍世界的通行证，学会宽容，也就懂得了生活！

孔子云："过也，人皆见之；更也，人皆仰之。"宽容是人的情感之一，有一种巨大的人格魅力。它能产生强大的凝聚力和感染力；宽容也是一种豁达和挚爱，它如一泓清泉可化干戈为玉帛；宽容是一种深厚的涵养，是一种善待生活，善待他人的境界。宽容它蕴藏着一种殷切的期望和潜在的教育动力。

有人说，宽容是怯懦，也有人说，宽容是没有个性，可我要说宽容是爱，是善待自己，也是善待别人。

其实，并不是所有的伤害都是蓄谋已久的，有时候，只要你能站在另一个角度去想，用心去理解，相信所有的伤害会因为你的宽容而减少，可有时，并非所有的宽容都能得到应有的尊重，有时候宽容甚至会助长对方的气焰，这时，我想不应该逃避，而要勇敢地面对现实。可以说，人生最大的美德是宽容，就像大海，无论是汹涌澎湃，还是风平浪静，它都能承受；就像天空，不管是电闪雷鸣，亦或是碧空万里，它总是平静对待。

最广的是天，最阔的是海，如果我们也能如天空、像海岸那样宽容一切，相信最美的必然是心。

也许有时候用心去宽容别人的伤害，反而被伤得更深，虽然那样的宽容近乎是怯懦，是没有个性的，可只要转念一想，终有一天，你的宽容会把伤害你的人感化，那么，纵使这在别人眼中是怯懦的是没有个性的，我想也是值得的。因为只有那样，人才会活得轻松，过得快乐！太多的怨恨就似一座无形的大山，有一天它会把你的灵魂压垮，当你发觉时，那已经太晚了，你只剩一副躯壳游荡人间，没有了爱，那太悲哀了。

也许宽容并不像友情那样真挚，也不像亲情那样温馨，更没有爱情的甜蜜与炽烈，但无论是友情亲情还是爱情，需要的都是宽容，不是吗？

没有宽容的爱不是一种真爱，宽容才是爱的真正升华。

下面我们就去认识宽容：宽容的故事、宽容别人等于祝福自己和宽容的魅力。

1．宽容的故事

当佛陀在世时，有位阿阇世王，为了夺取王位，害死了自己的父王频婆娑罗王，自立为王后不久，知道弑父的罪报后，开始心生悔恼，由此而全身发热生疮，臭秽不可闻，经治疗后，病情不但没有减轻，反而越发严重，虽经别人劝请，往佛陀处求取忏悔解救，仍自惭形秽不愿去。频婆娑罗王虽被儿子杀害，但他生前信佛虔诚，深知身心的虚幻无常，故不只没有任何的怨恨，而且在知道儿子的情况后，反而显灵劝告儿子，告诉他，他是佛陀的弟子，愿以佛陀的慈悲来原谅他，而且佛陀就快入灭了，如果不赶快去，就再也见不到佛陀了，因为除了佛陀能救他，使他不堕入地狱外，再也没有任何人可以解救他了。受到父王的宽宥和催促，阿阇世王因此前往求见佛陀，因而得以获救。

　　频婆娑罗王的宽容，真是令人感动。他展现了宽容的真义，由此难能可贵的宽容，他不只原谅了儿子，也升华了自己！所以，宽容不止是一种思想，更是一种可以实践的本质，因为它是每个人都具足的一种无限宽阔广大的空性本质。当我们往清净的自性回返时，学会宽容别人，就是学会宽容自己，给别人一个改过的机会，就是给自己一个更广阔的空间！所以，学会宽容，就是一个不断在学会超越自己，超越执著的过程。当我们愈能宽容，我们就愈净化自己，使自己愈趋向光明的升华。所以，我们每个人都应该深深的发愿：愿宽容，在过去，所有曾经毁谤、嫉妒、轻视、毁辱、欺骗，甚至伤害、戕害、杀害我的人！也愿宽容，在现在，所有正在毁谤飞嫉妒、轻视、侮辱、欺骗，甚至伤害、戕害、杀害我的人！更愿宽容，在未来，所有将要毁谤、嫉妒、轻视、侮辱、欺骗，甚至伤害、戕害、杀害我的人！愿生生世世宽容，直到永远。

2. 宽容别人等于祝福自己

　　当你划破手指，生命会原谅你，它（潜意识中的智慧）会立刻开始修补工作，让新的细胞在伤口处相互重新搭接；如果你误食了腐烂的食物，生命会原谅你，让你吐出食物，来保护你；如果你手烧伤了，它会降低浮肿，增加血流量，长出新皮肤、新组织和新细胞。生命并不埋怨你，总是宽容你，让你恢复健康给你带来活力和平安，只要你思想上愿意合作。消极的思想、痛苦的回忆、对他人的愤愤不平和恶意都会阻碍生命的这种活力。宽容人是获得心里平安和身体健康的关键所在。如果你想要健康和幸福，你就必须原谅每一个伤害过你的人。你如果不能首先去原谅别人，你就不能真正原谅你自己。拒绝原谅别人就等于自大和无知。宽容首先要有宽容的意愿，如果你先真诚地愿意去原谅别人，你就先成功了一半。

我敢肯定，你知道宽容别人并不意味着你去喜欢某人或与他有什么关系。别人不能逼迫你去喜欢某人，让你有爱心。但是我们能做到去关爱别人，关爱那些实际上我们并不喜欢的人。当你原谅别人时，并不意味着你有多么宽宏大量，或多么高尚；你实际上是很自私的，因为你祝愿别人什么，也等于祝愿你自己什么。理由很简单，当你去想，去感受时，你就成了你所想、所感受的，因为你就是你想的。当你的心情平静下来后，心中做肯定的默祷：我已完全地、真诚地原谅了他（提及冒犯你的人名字）；我从心里放过了他；我宽容了所发生的一切事情。我自由了。他（她）也自由了。这种感受真好。今天是我的大赦日，任何曾经伤害过我的人我都宽容了，祝他们一切都美好。

3. 宽容的魅力

桐城六尺巷的故事，在明华居士的家乡几乎家喻户晓，故事发生地离明华居士老家非常近。宽容是每一个有慈悲心的人应具有的美德。具有宽容心的人，能在事情陷入僵局时峰回路转，也能使紧张的人际关系变得柳暗花明。宽容是一剂良药，它能使人与人之间的关系更加和谐，使我们更多地替别人着想。在历史上，都有许多给人启迪的关于宽容的故事。清代大学士张殿英在京为官时，一天，他收到一封家书。看过信之后，他明白了事情的原委：原来，家人的邻居想向外扩三尺院墙，而张殿英的家人寸土不让，由此争执不下。无奈，家人写信给张殿英，希望借他的权势威吓邻居，以使邻人停止侵占院墙。张殿英随即回信一封：千里修书只为墙，让他三尺又何妨。万里长城今尚在，不见当年秦始皇。家人接信后，立即按照张殿英的意思让出了三尺地给邻居。邻居知道此事后，深感愧疚，也主动让出了自己的三尺地，于是就形成了一个有名的六尺巷。这个故事成为宽容的美谈流传至今。在佛教中，宽容的事例比比皆是。佛教中讲忍辱，实际就是宽容的广义概念。在汉传寺院，我们一进入寺门就会见到一尊大肚弥勒佛，他是佛教宽容的形象代表。弥勒佛的全称是当来下生弥勒尊佛。他代表着充满希望和喜悦的未来。弥勒菩萨在中国的应化道场是浙江奉化雪窦寺，据说他就是契此法师，又称布袋法师。他整天背着大布袋到处度化众生，尽管弘法艰难困苦，但依然自得其乐。弥勒佛的形象就是依布袋法师的样子塑造的，他的形象表达了深奥的意义：笑容表现了愉悦的心情和对未来的希望，方耳象征着福气，大肚表示宽厚能容。

当我们拜佛时，就会从佛像中看到宽容、平直和开怀。在拜佛之中，我们自己也就熏染上宽容、喜悦的福气。在礼拜弥勒佛时我们会受到甚深微妙的启发：生活之中肚量最为重要，它给了我们广大的思想空间和无尽的欢欣。布袋法师说：我有一布袋，虚空无挂碍。展开遍十方，入时观自在。好的肚量就像他所说的大布袋，展开来像遍十方那样宽大，那才有宽广的心理生活空间，任由自己悠游，生活自在，到哪里都可以契机应缘，都可以和谐圆满。宽容使我们表现出好的情性，同时也能引发别人的回响。禅宗有则公案：古代一个禅院里的老禅师，有一天晚上，他到院子里散步，发现墙角有一张椅子，一看就知道有出家人越墙出去溜达了。这位老禅师就把椅子移开，然后自己蹲在那里。

　　没过多长时间，果然有一位小僧人翻墙，踩着法师的背跳进院子。小僧人见刚才踩的不是椅子而是自己的师父，不禁大惊失色，不知所措。老禅师这时并没厉声责备，只是以平和的语气说：天冷夜深，当心着凉。这位禅师宽容了弟子，徒弟也因师父给他反省悔过的机会而深感内疚。此后，他再也不做违规的事了。不久寺院所有弟子都知道了这件事，就更没有人再到墙外闲逛了。这就是禅师的肚量，是他的宽容给了弟子接受教育和成长的机缘。一位僧人若懂得宽容之道，会使弟子们在潜移默化中得到教益。在现实生活中，当领导的若能宽待员工，便能激发他们的热情和创造力。如果人人都能以宽容之心待人，我们的生活便会显得十分美妙，处处变得和睦融洽，我们所生活的世界也因此会成为人间净土。

　　宽容，是一种豁达，也是一种理解、一种尊重、一种激励，更是大智慧的象征、强者显示自信的表现。宽容是一种坦荡，可以无私无畏、无拘无束、无尘无染。

战国时，楚王宴请臣下。灯忽灭，一醉酒的将军拉扯楚王妃子的衣服；妃子扯下了将军的帽缨，要求楚王追查。楚王为保住将军的面子，下令所有的人一律在黑暗中扯掉自己的帽缨，然后才重新点灯，继续宴会。后来，这位被宽容了的将军以超常的勇武为楚国征战沙场。可见，学会宽容，就要学会原谅一个人小的过失，给人以悔改的机会。

宽容是一种大度、是高尚情操的表现。宽容之中蕴含着一份做人的谦虚和真诚，蕴含着一种对他人的容纳与尊重。学会宽容，心灵上就会获得宁静和安详。学会宽容，就能心胸开阔的生活。很多时候，宽容会给人带来一种良好的人生感觉，使我们感到愉悦和温暖，生活中就会少些怨气和烦恼，就能感觉到生活中"快乐"的丰富，而不是缺失。

宽容，是一种高尚的美德。"相逢一笑泯恩仇"是宽容的最高境界。事实上这一美德做得到的人并不多，即使如此，我们也不应放弃这种追求，因为忘却别人的过失，以宽容的心态对人、以宽阔胸怀回报社会，是一种利人利己、有益社会的良性循环。屠格涅夫曾说："生活过，而不会宽容别人的人，是不配受到别人的宽容的。"所以，当你宽容了别人，在自己有过失或错误的时候也往往能得到他人的宽容。

学会宽容，就学会了一种有益的做人责任，就学会一种良好的做人方法。生活中宽容的力量巨大。因为批评会让人不服，谩骂会让人厌恶，羞辱会让人恼火，威胁会让人愤怒。唯有宽容让人无法躲避，无法退却，无法阻挡，无法反抗。蔺相如对廉颇傲慢无礼的宽容忍让，最终感化廉颇负荆请罪，留下千古美谈将相和，使赵国虽小而无人敢犯；周总理以其容纳天地的博大胸怀，在外交上奉行求同存异、和平共处方针，造就了他伟大人格，树立了中华民族的大国风范。同样，邻里间团结和睦需要宽容，夫妻间白头偕老离不开宽容，一个健康文明进步的社会处处离不开宽容。假如没有了宽容，则国与国之间会兵戎相见，人与人之间会拳脚相加，社会将因此变得黯然。

有些人自诩为洞明世事、人情达练，却在名誉、地位面前斤斤计较，狭隘自私；有些人对别人的习惯、见解不能容纳，这并不意味着维护真理，只能叫心胸狭窄；有些人对他人的行为口头上激愤，行为上却不做出任何努力，这只能叫虚伪。然而，我们每个人都应该重审自己，以宽容的心情把握生活，用宽容的心情回报社会。

当然，学会宽容，并不是无原则的放纵，也不是忍气吞声，逆来顺受。宽容是一种有益的生活态度、一种君子之风。学会宽容，就会善于发现事物的美好，感受生活的美丽。就让我们以坦荡的心境、开阔的胸怀来应对生活，让原本平淡、烦燥、激愤的生活散发出迷人的光彩。

原谅别人是一种豁达，原谅自己是一种释怀，学会了原谅你会发现你轻松了、愉快了、自信了、成熟了。

有时候，朋友的一些言语做法也许伤害了你，家人、同事的误会让自己苦恼，生活中有很多事让自己并不如愿，甚至痛不欲生，何不换一种思维方式，学会原谅呢？

你不原谅，是因为不原谅而埋在心中的仇恨或者不满往往是出于我们自己的狭隘、自卑、虚荣、放不下面子以及不客观。就好比我们经常不原谅某人无意中的伤害，不原谅别人不小心给自己造成的不便，不原谅竞争对手的打击，所有的这些会让我们痛苦、不开心，我们心中常存着郁闷之结，我们背负着过去的包袱不能扔下，而影响了现在审视将来的快乐幸福。你一脚踩在了盛开的鲜花，鲜花留给你的脚是花香；你一把推开了一门窗，窗外吹来了一阵清新的芬芳；你翻过了一座山，山那边的风景更加迷人；你趟过了一条小河，再看见海洋会觉得是那么的宽阔……

　　静静地想想：每个人的生命匆匆而过，短短的数十年，好好地享受还来不及，苦也一天，乐也一天，为什么还要让这些琐碎的事一直存在于你未来的生活呢？为何还要让那些不快干扰我们的视线？为何还要那些弃你而去不会欣赏你的人还存在于你的脑海呢？学会原谅吧。

　　学会了原谅，你会发现：那些自信、充实、豁达、大气的人和生活幸福的人比较容易原谅别人。也许正是因为他们不太计较生活中的那些可以原谅的冲突和矛盾，才获得了良好的心态和所希望的人生吧。原谅，是一个良性的开端。

　　学会原谅吧，去拥抱辜负了你和你所辜负的人吧！原谅一切可以原谅的一切，学会了原谅你会发现你轻松了、愉快了、自信了、成熟了。所有的恩恩怨怨，都会让岁月磨平，所有受过的伤，所有流过的泪，都让时间带走吧……

第四章　为人诚信的人格魅力

（一）做人要以诚信为本

从道德范畴去解释，诚信即待人处事真诚、老实、讲信誉，言必行、行必果，一言九鼎，一诺千金。在《说文解字》中的解释是："诚，信也"，"信，诚也"。可见，诚信的本义就是要诚实、诚恳、守信、有信，反对隐瞒欺诈，反对伪劣假冒，反对弄虚作假。

诚实守信，即诚信，就是要言行一致，忠诚正直，遵守诺言，不虚伪欺诈。这是中华民族几千年来崇尚的基本美德。人无信不立，国无德不强。商鞅立木树信，曾子以信教子的故事，以及"言必信，行必果"、"一言既出，驷马难追"这些掷地有声的词语，流传百世而不衰充分说明了诚实守信是中华传统文化中的重要内核。

诚信是立人之本，做人之基，是做人的基本品格。对人守信，待人以诚，才能赢得别人的信任，才能和别人交流和沟通。相反，言而无信，行而不诚，只会丧失人格，为人所唾弃。诚信为人处事，表现在工作和学习上，就是专心致志，认真踏实，实事求是；表现在与人交往中，就是真诚待人，互相信赖；表现在对待国家和集体的态度上，就是奉公守法，忠诚老实。

诚信是诚信者的通行证。这种美德无时无刻都在我们的心灵深处散发着人性的光辉。即使面对一些挫折和黑暗，只要拥有诚信的品质，就能让我们前进的步伐始终坚定，无所畏惧，引导我们走向正确的方向。

诚信还是一个人获得天时地利人和的重要因素。人们总是更愿意接受诚信本分的人。拥有诚信品质的人，才会获得周围人的信任和帮助。管子曾说："非诚贾不得食于贾，非诚工不得食于工，非诚农不得食于农，非信士不得立于朝。"就是说如果一个人不诚信，连商人，工人，农民，当官都做不了。而一个为人处事诚实守信，甚至不惜牺牲个人利益来保全诚信的人，无疑会得到更多的信任，更能够成就一番事业。

诚信也是一切企业的立业之本、兴业之道。自古在商品买卖中，就提倡公平交易、诚实待客、不欺诈、不作假的行业道德。旧时商家店铺的门口，大多都写有"货真价实，童叟无欺"八个字。到了今天的市场经济环境下，诚信是一切企业生存发展的根本，在当前的信用经济中更加彰显了其重要作用。良好的信用可以转化为企业的竞争优势，提升企业效益。企业只有诚信经营，才能适应市场经济发展的要求，才能持续稳定发展，才能做强做大。

近年来，一些企业守法意识淡薄社会责任缺失，不讲诚信，惟利是图，是导致质量安全问题的重要原因。企业的不诚信行为给市场经济秩序造成了混乱，后果是降低了人们对企业的信任度，给企业和社会造成了巨大的经济损失，使我们交了昂贵的市场信用"学费"，也严重阻碍了经济的正常发展。这些教训都明确无误地表明了一个道理：追求效益的前提是不能逾越一个诚信的底线，生产假冒伪劣产品，无疑等于饮鸩止渴。诚信是企业经济发展的助推器。诚实守信的品质，是企业取信于社会最有说服力的标志。企业只有守法经营，诚实守信，规范行为，才能获得良好的效益和长远的发展。

诚即真心实意，信则本份无欺。诚信是国家文明的体现，社会进步的标志。诚信的品格不仅是做人的基本要求，也是市场经济的基石和灵魂。尽管目前社会的诚信状况由于种种原因并不尽如人意，但是诚实守信这一优良的品质在经历了岁月的考验后，终将显示其不可磨灭的光彩和力量

诚实守信，是做人的基本准则。这是我们从小就懂得的道理，可是，在关键时刻，又有几个人能保持诚信呢？

在古代，有个周幽王，他为了讨得宠妃褒姒的欢心，点燃了求救用的烽火，远方的诸侯们看到浓烟以为有敌人入侵，赶来支援。褒姒看见诸侯们手忙脚乱的样子，不由得莞尔一笑，而诸侯们见周幽王这样戏弄自己，愤怒地回去了。过了一段时间，真的有人来进攻，周幽王急忙下令点燃烽火，诸侯们认为周幽王又是想讨褒姒欢心，便都不予理睬。最后，周幽王自刎，褒姒被俘，国家因此灭亡。这个故事教育我们，不能随意开玩笑，应该诚信做人。周幽王明知道烽火是紧急情况才能点燃的，却为了一点小事导致国家灭亡，是非常不值得的，也是一个不诚信的惨痛教训。

　　当然，在现实生活中，我们也要时刻保持诚信，不能因为一时之需而放弃了诚信。我看到过一副漫画，画面上有一艘小船，上面放着七个锦囊，锦囊上分别写着：金钱、地位、事业、感情、荣誉、诚信、成功。渔夫说："船太重了，承受不了，必须扔掉一个"，乘客便把诚信给扔入了水中。从这则漫画里，我感悟到，现代的社会中，人们看重的都是些成就和功名，没有人再去注重诚信。为了不让诚实守信这个词语灭绝，我们要懂得诚实做人，从简单的人与人之间的交流开始做起。

　　诚信，是一颗青涩的果，你轻咬一口，虽然苦涩，却会让你回味无穷。让我们一起讲诚信。不要挖掘欺骗的陷阱，这样会让你失去别人对你的信任，你就算骗来了金山银山，也只能终身生活在别人对你的唾弃和你自己的孤独与寂寞之中。

　　诚信的含义：

　　诚者，真诚、真实；信者，诚实、不欺。诚信者，诚实而守信也。诚信，作为中国古代的道德规范，历来为人们所推崇和提倡。儒家以"诚"为自然界和人类社会的最高道德范畴，认为"诚者，天地之道也，思诚者，人之道也"（《孟子·离娄上》），认为"礼所以观忠、信、仁、义也……信所以守也"（《国语·周语上》）。孔子认为"信"是朋友之间交往的重要准则，把"信"作为"仁"的重要表现之一，要求"敬事而信"，"谨而信"。后来的儒学家们发展和完善了孔孟的"诚"和"信"，他们将"诚"视为"圣人之情"，是至静至灵寂然不动的"心"（精神）（唐·李翱）；将"诚"用以为至高无上的宇宙本体，认为"诚者，圣人之本。大哉乾元，万物资始，诚之源也"（北宋·周敦颐）；甚至认为"诚"这一精神实体有化生万物的作用："诚者，自成也，而道自道也。诚者，物之始终，不诚无物"（《中庸》），以"诚"为宇宙的一般规律，并以"知""行"关系去阐述"诚"与"明"的关系（明末清初·王夫之）。总之，在中华民族几千年的文明史中，诚信始终作为一种"善德"为社会各阶层所推崇；诚信之光始终普照着人类从蒙昧走向文明，从农耕文明走向商业文明。

曾子的诚信：一个晴朗的早晨，曾子的妻子梳洗完毕，换上一身干净整洁的蓝布新衣，准备去集市买一些东西。她出了家门没走多远，儿子就哭喊着从身后撵了上来，吵着闹着要跟着去。孩子不大，集市离家又远，带着他很不方便。因此曾子的妻子对儿子说："你回去在家等着，我买了东西一会儿就回来。你不是爱吃酱汁烧的蹄子、猪肠炖的汤吗？我回来以后杀了猪就给你做。"这话倒也灵验。她儿子一听，立即安静下来，乖乖地望着妈妈一个人远去。

曾子的妻子从集市回来时，还没跨进家门就听见院子里捉猪的声音。她进门一看，原来是曾子正准备杀猪给儿子做好吃的东西。她急忙上前拦住丈夫，说道："家里只养了这几头猪，都是逢年过节时才杀的。你怎么拿我哄孩子的话当真呢？"曾子说："在小孩面前是不能撒谎的。他们年幼无知，经常从父母那里学习知识，听取教诲。如果我们现在说一些欺骗他的话，等于是教他今后去欺骗别人。虽然做母亲的一时能哄得过孩子，但是过后他知道受了骗，就不会再相信妈妈的话。这样一来，你就很难再教育好自己的孩子了。"曾子的妻子觉得丈夫的话很有道理，于是心悦诚服地帮助曾子杀猪去毛、剔骨切肉。没过多久，曾子的妻子就为儿子做好了一顿丰盛的晚餐。

曾子用言行告诉人们，为了做好一件事，哪怕对孩子，也应言而有信，诚实无诈，身教重于言教。

一切做父母的人，都应该像曾子夫妇那样讲究诚信，用自己的行动做表率，去影响自己的子女和整个社会。

据《清稗类钞》中记载：有个叫蔡嶙的人向朋友借了黄金千两，但未立借据。后来，朋友去世了，蔡嶙就把千两黄金还给朋友之子，其子坚决不收，说道："家父未留给我借据，也没有口头告知有此事。"蔡嶙说："借据不在纸上，在我心里；心中的诚信才是根本。你父亲知道我是个讲诚信的人，才没有告诉你。他如此相信我，我怎么能失信呢？"最后，蔡嶙坚持还了千两黄金。蔡嶙所言，发人深省。借据、契约之类固然具有法律的约束性，是很重要的，但人们心中的诚信更重要。我国有个"一诺千金"的成语故事。说的是秦朝末年，楚地有个名叫季布的人，曾是项羽的部下，几次献策，使刘邦的军队吃了败仗，刘邦当了皇帝后，就下令通缉季布。因季布为人秉性耿直，侠义好助，只要是他答应过的事情，无论有多大困难，都要设法办到，所以很受人们的敬佩爱慕。在楚地盛传"得黄金千两，不如得季布一诺"。此话，刘邦听到后，不但撤消了对季布的通缉令，还封季布做了郎中（秦朝官称，负责管理宫中各门），不久又改做河东太守（府官）。之后，季布的名望越来越大，留下了"一诺千金"这个比喻说话算数，守信用的千古美谈。

我国四书之一的《大学》中，有一段修身、齐家、治国、平天下的精彩论述："古之欲明德于天下者，先治其国；欲治其国者，先齐其家；欲齐其家，先修其身；欲修其身者，先正其心；欲正其心者，先诚其意。"意思是说，一个人要想成为人们所景仰的心术端正的品行高尚的人，能够成为治国、齐家、平天下的人，必须先修其身、先正其心、先诚其意。把做一个真正人的落脚点最后定位到"诚实"二字上。可见，古人是非常看重一个人的德性修养，都懂得一个人要成就大业必须从诚实守信做起。不要只看见现实生活中没有德性的人张扬一时，更要懂得那些没有德性的人终究成不了什么大器的道理。而坚持诚信，最终获得成功的是自己。

有一家很大的美国公司在中国招聘雇员。当一位应聘者走进房间时，主考的美国人立即热情地说："你不是哈佛大学某某专业的研究生？我比你高一届，你不记得我了？"应聘的中国青年心里一震："他认错人了。在此时，如果承认自己有哈佛学历对应聘绝对有好处。但这位青年认为，诚实比什么都重要。于是，他冷静而客气地说："先生，你可能认错人了。我没有到哈佛大学学习过，我只有在中国读大学的学历。说此话时，他已做好了不被录取的思想准备。没想到，主考人却说："你很诚实，刚才就是我们考试的第一关。"最终，这位青年被录取了。

历史已经证明并将继续证明：不讲诚信的民族是堕落的民族，不讲诚信的国家是没有希望的国家，不讲诚信的社会是混乱的社会，不讲诚信的人是没有前途的人。

个人主义是万恶之源。在社会生活中，人们经常会遇到名与利的诱惑。在权力、金钱的考验面前，要常思贪欲之害，常怀律己之心，淡泊名利，见利思义，自觉地克服和抵制个人主义。我们通过学习，要提高对各种各样个人主义思想的辨别和抵御能力，做老实人、说老实话、办老实事，努力做一个诚实守信的人。

孔子说："人而无信，不知其可。"对个人而言，诚信乃立人之本，是做人处世的基本准则，是每个公民正确的道德取向。从修身的角度看，诚信是人内心升起的太阳，可以照亮自己，也可以温暖别人；诚信是一把金钥匙，可以打开人的心锁，也可以打开知识和财富的大门；诚信绽放着生命之美，生活因它而多姿，人生因它而多彩。对企业而言，诚信是其赖以生存的根本；对城市而言，诚信等同于它发展的机遇；对国家民族而言，诚信是其繁荣昌盛、自强自立的基础。而一旦诚信缺失，危害甚大。墨子云："志不强者智不达，言不信者行不果。"言一朝不信，人就会失掉立身之本，企业就会失掉生存之根，城市就会失掉发展之机，国家民族就会失掉兴盛之源。老子曰："轻诺必寡信，多易必多难。"诚信是市场经济持续发展的道德基础。一旦诚信缺失，社会上便会欺诈成风，市场混乱，道德沦丧，人心惟危。当今社会，假冒伪劣商品泛滥，假文凭假学历盛行，假政绩假数字屡禁不绝，信用欺诈防不胜防，假新闻假广告层出不穷，正是诚信缺失的具体体现。据悉，中国每年因为信用缺失而导致的直接和间接经济损失高达5855亿元，相当于中国年财政收入的37%，中国国内生产总值每年因此至少减少两个百分点。由此可见，诚信的缺失，将会影响社会的发展，阻碍人类文明的进程。

现代诚信是对传统诚信的传承与超越。

作为中华民族的传统美德，诚信和其它优秀文化传统一样，不同时代有不同的特点，每一个时代都会赋予它不同的内涵，都会为它打上政治、经济和阶级的烙印。作为一种道德规范，现代诚信既是对传统诚信的传承，又是对传统诚信的发展和超越。和传统诚信作比较，现代诚信有如下特点：

一是调整社会生活的内容更为广泛。

传统的农耕社会，是自给自足的自然经济。由于生产力发展水平的限制，交通落后，信息闭塞，人的活动范围很小，人与人之间交冬天的范围很窄，交往的频率很低。除了少数经商的人群外，社会生活的主体人群之间的交流一般是局限于亲戚、朋友和熟人之间。而诚信作为一种道德规范，它调整的是人与人之间的交流与交往，如果调整主体缺失，这种规范对社会生活的作用也就降价。曾子曰："与朋友交而不信乎？"《礼乐记》云："著诚去伪，礼之经也。"可见，在古代，儒家所推崇的"信"也多是朋友之"信"，在"修身，齐家，治国，平天下"的儒家大义中，"信"在很大程度上局限于"修身齐家"这一层面上。现代社会，社会生产力水平大大提高，信息畅通，交通方便，人类社会逐渐由农耕文明走向商业文明，人与人之间的交流范围扩大，交流的机会增多，交流合作的形式逐渐多样化，交流的对象也由熟悉的人群扩展到陌生的人群。特别是在全球一体化的今天，信息网络化，经济全球化，人与人之间，企业与企业之间，团体与团体之间，城市与城市之间，国家与国家之间交流与合作日益频繁。诚信这一道德规范所调整范围已扩展到社会生活的方方面面，小到熟人朋友的日常生活交往，大到国家政治经济组织之间的交往与合作。现代诚信已超越了传统意义的诚信，具有了更深广的内涵，已从"修身齐家"的层面扩展到"治国平天下"的层面。中国共产党第十六次全国代表大会提出了实行依法治国和以德治国相结合的治国方略，其中"德"的重要内容便是"诚信"。

二是诚信缺乏的危害更大。

由于农耕文明时代人们的交流多限于亲戚朋友熟人之间，传统诚信只是居于"修身齐家"的层面，诚信的缺失往往是伤害亲戚朋友熟人的感情，失朋友之"义"，是个人修养的缺失，是道德取向的偏差，是人性的堕落。而现代诚信一旦缺失，不但个人失去立身之本，而且还会影响一个企业、一座城市、一个国家民族的生存和发展。一言足以兴邦，一诺岂止千金。一次金融诈骗，可导致上亿的资金流失；一纸合同不履行，会使一个企业破产；一言承诺失信，可使一个国家威信扫地。

诚信是一个道德范畴，是公民的第二个"身份证"，是日常行为的诚实和正式交流的信用的合称。

中国是个五千年的文明古国，诚信一向是中国人引以为傲的美德，历来都被人称颂，一个人如果没有了诚信，即使一时拥有荣华富贵，但最终还会一无所有的。

18世纪英国的一位有钱的绅士，一天深夜他走在回家的路上，被一个蓬头垢面衣衫褴褛的小男孩儿拦住了。"先生，请您买一包火柴吧！"小男孩儿说道。"我不买。"绅士回答说。说着绅士躲开男孩儿继续走。"先生，请您买一包吧，我今天还什么东西也没有吃呢！"小男孩儿追上来说。绅士看到躲不开男孩儿，便说："可是我没有零钱呀！""先生，你先拿上火柴，我去给你换零钱。"说完男孩儿拿着绅士给的一个英镑快步跑走了，绅士等了很久，男孩儿仍然没有回来，绅士无奈地回家了。第二天，绅士正在自己的办公室工作，仆人说来了一个男孩儿要求面见绅士。于是男孩儿被叫了进来，这个男孩儿比卖火柴的男孩儿矮了一些，穿得更破烂。"先生，对不起了，我的哥哥让我给您把零钱送来了！""你的哥哥呢？"绅士道。"我的哥哥在换完零钱回来找你的路上被马车撞成重伤了，在家躺着呢！"绅士深深地被小男孩儿的诚信所感动。"走！我们去看你的哥哥！"去了男孩儿的家一看，家里只有两个男孩的继母在招呼受到重伤的男孩儿。一见绅士，男孩连忙说："对不起，我没有给您按时把零钱送回去，失信了！"绅士却被男孩的诚信深深感动了。当他了解到两个男孩儿的亲父母都双亡时，毅然决定把他们生活所需要的一切都承担起来。这件事告诉我们，无论做什么事，都要讲诚信。不讲诚信的人将无立足之地。无数事实告诉我们，交往中不兑现自己的承诺，失信与人，就会产生信任危机。

（二）诚信会给自己带来财富

中华民族是一个伟大的民族。艰苦奋斗，自强不息自古以来就作为我们的民族精神留传于世。虽然我们曾惨遭西方列强铁蹄的蹂躏，但是在短短的一百年里，又重新站了起来，重新屹立在世界的东方，并在政治、经济、科技等许多方面做出了举世瞩目的成绩，为世界的发展与进步做出了巨大的贡献。

但是我们民族有个很大的缺点，那就是有很大一部分人根本不具有最基本的诚信品质，贪小便宜，滥用公物，贪污，做假账，等等，都成为当今中国国民素质提高的最大障碍，导致这些问题的原因很多，其中之一便是因为我国的经济还不够发达，而国民素质的高低又决定着国民经济增长的速度，因此，经济要发展，就要首先提高国民素质，培养公民的诚信品质。

也许很多人都听说过这样一个故事：

一个成绩很优秀的中国留学生毕业的时候，本来按他的条件，完全可以找到一份很好的工作，但在他找了许多家公司后竟没有一家公司肯要他，原因就是社区资料记载了他乘无人售票的公车多次逃票。

而在国内，某些城市刚刚推出自动售票公车，就因为逃票的人数太多而不得不停止运营。有些公共场所使用了自动售货机，却被人砸得稀巴烂。反正带"自动"的东西到了中国人手里都会变成"垃圾"，似乎中国人没有一点科学素养。

假冒伪劣，则是中国人不诚信的另一个重要体现。当年，在数万双"温州"皮鞋被示众焚烧后，"温州"便成为了假冒伪劣的代名词。从此，外商不再在温州投资，市内工业制成品也因为诚信问题不能卖出去，导致温州经济衰败、工业萧条。而整个中国，则是世界的"造假大国"，不管是什么，只要到了中国人的手里，都能被"克隆"出来，然后低价出售，这对于发达国家是最不能忍受的，因此就会影响他们在中国的投资，最终也影响到中国经济的发展。

而盗版，则是中国人不诚信体现得最突出的一个方面。本来，中国有大量的软件开发人才，是被公认的软件开发强国，但却不是软件出口大国，其原因就是盗版充满了整个软件市场。本来正版软件的价格已经压得很低了，但是和盗版几乎没什么成本的价格根本不能对比，因此，中国的软件公司蒙遭受了巨大的损失，也给中国软件业的发展带来了巨大的障碍，同时还对国内生产总值产生了难以估量的影响。

此外，考试作弊，选举拉票等等也在其他多方面体现了中国人不诚信。

社会诚信的缺失已经对我国的社会主义现代化建设和人民生活造成了巨大的危害，已经影响到了我国政治、经济的发展。

因此，研究社会诚信的建设，切实加强社会诚信道德建设已成当务之急。我们要自己带头，开展"讲诚信"的社会实践活动，并对周围广大人民群众进行广泛的诚信宣传，力争让每个人都能感受到诚信的可敬，做假的可耻。还应该对弄虚作假，制造假冒伪劣产品，盗版的人员和贪污、受贿的政府官员进行严厉的打击。这样，公民诚信意识才会增强，公民素质才会提高，才会加快我过的社会主义的现代化建设。

鲁迅曾经说过："诚信为人之本也！诚信比金钱更具有吸引力，比美貌更具有可靠性，比荣誉更有时效性！"诚信是一种美德；诚信是一种取之不尽，用之不竭的智慧；诚信更是现代文明的财富！

程颐道："以诚感人者，人亦诚而应。"诚信乃立身之本，生存之道。生活需要诚信，集体需要诚信，国家社会需要诚信！

诚信如此珍贵，我们应从我做起，从现在做起，在心田中播下诚信的种子，生根、发芽、开花、结果……

有人说，一个人优秀的品格来自于家庭和幼儿园，应该没错。

其实，在物欲横流的社会，似乎没有比诚信更为优秀的了。因为诚信不但是很多人性优点的基础，而且是创造财富的基石。"一个人有两样东西谁也拿不走，一个是知识，一个是信誉。我只要求你做一个正直的公民。不论你将来是贫或富，也不论你将来职位高低，只要你是一个正直的人，你就是我的好儿子。"这是联想集团董事局主席柳传志致父亲的悼词，也是父亲对柳传志的教诲。

联想的成功或许就是因为诚信，它取信于银行，取信于员工，取信于投资者，而这一切离不开柳传志这位"掌门人"，柳传志的父亲"正直做人"的教诲也许就是联想的精神支柱。

诚信是来自内心的微妙之音，洞悉它很难，只有靠点点滴滴的积累；诚信之难，在于虚伪的东西太多，防不胜防；诚信之难能可贵，在于物质的极度泛滥和张扬。

诚信在一段时间曾是个流行的词语。做人要讲诚信，经商要讲诚信，夫妻之间要讲诚信，诚信好像一夜之间变得格外时髦起来。但真正的诚信是不能挂在嘴上的，要放在心里，要用心去做。1996 年和 1997 年，香港联想因为库存积压造成 1．9 亿元港元的亏损。这在当时是个很大的数字。在危急关头，联想的领导层竟然选择了首先告之银行亏损的消息，然后再申请贷款。一般人认为，先借钱再通知银行亏损状况或者干脆不通知银行会比较容易借到钱。但是联想宁愿付出天价也不愿失去银行的信任。此举果然赢得银行的信任，并再次贷到了款。如果不是联想长期守信用，这件事根本就做不成。

所以，诚信是有价的，也是无价的。联想靠诚信赢得了足够的信誉度，也赢得了巨大的财富，这就是诚信的力量。

让别人讲诚信之前，先拿出自己的诚信来。俗话不是说将心比心吗？那些嘴巴上光喊诚信的人，有时是最不可信的。社会道德要靠诚信去支撑，诚信的社会会使更多的人受益，这之中没有旁观者。

对比柳传志的父亲，我们更多的为人父母者应该知道怎样教育自己的孩子，不管自己的孩子是为官还是为民，是有钱还是没钱，是贫穷还是富有，首先不能抛弃且要一辈子坚守的只有诚信，然后在这个基础上获得应该获得的东西，包括丰厚的物质。家庭是一个人诚信的启蒙课堂。

靠诚信创造的财富同样谁也拿不走，物质没有了，精神还在，而精神又可以创造财富。联想不仅仅是一个例子，不仅仅是一种感动，它更让更多的人思考。

了解诚信就要了解中华民族的传统美德。

（一）中华民族传统美德的内容

1. 强调整体利益，倡导爱国思想

中国传统道德强调整体利益、国家利益和民族利益，倡导为社会、民族、国家做贡献的爱国主义思想。

正是从国家利益和整体利益的原则出发，在个人与他人、群体、社会的关系上，儒家传统伦理认为应当"义以为上"，反对

"见利忘义"。一般来说，中国传统伦理道德中所说的"义"，主要是指整体利益的原则，而"利"则主要是指个人的私利。提倡"先义后利"和反对"见利忘义"的思想，不但在中华民族的长期发展中起着有益的作用，而且对提高我国现实的道德水平仍有积极作用。尤其在建立和完善社会主义市场经济体制过程中，更应该弘扬这种为国家、民族、整体的献身精神。当然，对儒家轻视"利"的思想应结合市场经济的特点加以批判地继承。

2. 推崇"仁爱"原则，强调人际和谐

中国传统伦理思想特别强调要"推己及人"，关心他人，也就是"爱人"。儒家伦理思想的创始人孔子，以"仁"作为自己伦理道德思想的核心，并最先把"仁"同"爱人"联系起来。孔子从各个方面对"仁"作了全面的阐释。"己所不欲，勿施于人"，"己欲立而立人，己欲达而达人"，认为在人和人的相处中，特别是当人和人之间发生矛盾时，应当从自己的欲望、感情、意志、追求等方面，设身处地地为对方考虑；认为在人和人的相处中，应当尽量不要损害别人，力求不妨碍别人的利益，凡是我不愿意别人施加于我的一切事情，我都应当自觉地不加于别人的头上，以免别人受到伤害。

墨子从人和人之间的相互尊重和功利原则的角度，提出"兼相爱，交相利"的思想。孟子强调："老吾老以及人之老，幼吾幼以及人之幼。"儒家把仁爱作为人际交往的基本原则，为造就中华民族注重人际和谐的传统美德起了积极的推动作用。这种处理人际关系的原则在当今更需要坚守。

3. 提倡人伦价值，强调道德责任

4. 追求精神境界，注重道德理想

5. 主张仁义至上，讲求奉献精神

6. 重视道德实践，强调修身养性

（二）弘扬中华民族传统美德的意义

继承和弘扬中华民族传统美德，能够使社会主义道德具备更为丰富的内容。从道德的发展来看，社会主义道德不是凭空产生的，而是对过去人类一切优秀道德的继承与发展。建立社会主义新道德体系，必须根植于民族的传统道德。在我国传统的伦理道德中有许多优秀的内容，已成为世代相传的做人的美德得到发扬，如：立志勤学、爱国爱民、孝敬父母、尊师敬业、团结友爱、勤劳节俭等；还有大量的反映我国传统伦理道德优秀内容的立身处事的名句、格言。这些名句、格言广为流传，指导着人们的言行。我们要将这些优秀的道德传统与社会主义现代化建设的实际结合起来，赋予它新的涵义，推陈出新，努力挖掘中华民族传统美德的现代意义，使之溶于社会主义道德中，不断丰富社会主义道德的内容。

继承和弘扬中华民族传统美德，能够更好地协调社会主义社会的人际关系，促进社会主义市场经济的健康发展。中华民族历来就有"厚德重和"的优秀传统，素称礼仪之邦，"仁爱"思想更是体现了中华民族积极追求人与人之间互助友爱、平和协调、宽厚待人的传统美德。我国正处于发展市场经济的初始阶段，由于资产阶级腐朽思想的侵蚀，我们民族的许多传统美德被一部分人抛弃了。诸如看客冷漠、见死不救、救人要钱、见义不为等，时常见诸报端。继承和弘扬中华民族传统美德，有助于在全社会形成团结互助、平等友爱、共同前进的人际关系，促进社会主义市场经济的健康发展。

继承和弘扬中华民族传统美德，能够使社会主义、集体主义、爱国主义更加深入人心，使之成为社会主义思想文化的主旋律，并形成适应现代社会发展、有中国特色的价值观和伦理规范。中国的传统道德一贯强调为社会、为民族、为国家、为人民的整体主义思想，可以说，一切传统美德都是围绕着这一整体主义思想而展开的，其中也包括了集体主义和爱国主义的思想。今天，在经济全球化迅猛发展、新干涉主义和霸权主义恶性膨胀的国际形势下，更需要弘扬这种强烈的为社会、为国家、为民族的献身精神，更需要团结全国各族人民齐心协力、同心同德建设中国特色的社会主义，教育和引导青年一代自觉抵制不讲诚信的思想和行为。

关于诚信我们应该知道以下 50 条格言：

1. 诚信是人最美丽的外套，是心灵最圣洁的鲜花。

2．诚信是你价格不菲的鞋子，踏遍千山万水，质量也应永恒不变。

3．诚信像一面镜子，一旦打破，你的人格就会出现裂痕。

4．诚信是道路，随着开拓者的脚步延伸；诚信是智慧，随着博学者的求索积累；诚信是成功，随着奋进者的拼搏临近；诚信是财富的种子，只要你诚心种下，就能找到打开金库的钥匙。

5．诚信是做人之根本，立业之基础。

6．创诚信校园，树诚信学风，做诚信学子。

7．诚信为本，学做真人。

8．诚信为荣，失信可耻。

9．最大限度的诚实是最好的处事之道。

10．诚实守信是一面明镜，不诚实的人在他面前，都会露出真相。

11．没有诚实，何来尊严！

12．诚实是上策。

13．一切有成效的工作都是以某种诚信为先决条件的。

14．不诚则有累，诚则无累。

15．诚信是沟通心灵的桥梁，善于欺骗的人，永远到不了桥的另一端。

16．诚信，是一股清泉，它将洗去欺诈的肮脏，让世界的每一个角落都流淌着洁净。

17．诚信，让心灵无瑕，让友谊长存，让世界美好！

18．知识是财富，诚信也是一种财富，拥有知识能使你变得充实，拥有诚信能使世界变得更美好！

19．诚，乃信之本；无诚，何以言信？诚而有信，方为人生．

20．诚信，如一把钥匙，打开你我心中那扇门上的锁，让我们敞开心扉，沐浴那友谊的阳光。

21．诚信，是人类文明的阶梯；诚信，是填补人类间隔的碎石。

22．诚信是一种自我约束的品质，不是通过一篇文章或一句话就能检验得出的。

23．诚信是人的本钱，没有诚信的人是一个失败者。

24．诚信比一切智谋更好。

25．诚信就像人身上不可缺的钙，没钙的还能算作人吗？

26．诚信就像人生航船的橹桨，控制着人生的去向。

27．诚信犹如一颗青涩的果，你咬一口，虽然很苦，却回味无穷，倘若你将它丢弃，便会终身遗憾！

28．生活是需要诚信的，有了诚信才会有幸福可言。

29．生命不可能从谎言中开出灿烂的鲜花。

30．诚实是人生的命脉，是一切价值的根基。

31．诚实是一种力量的象征，它显示着一个人的高度自重和内心的安全感与尊严感。

32．如果要别人诚信，首先要自己诚信。

33．失去了诚信，就等同于敌人毁灭了自己。

34．诚实的人必须对自己守信，他的最后靠山就是真诚。

35．诚信是人生之本。

36．诚信者，受人爱戴尊敬也。

37．诚信是友谊的必备条件。

38. 诚信，是一个人立足社会的先导。

39. 诚信是人生路途中的第一准则。

40. 诚信是一种美德，会让你更加完美。

41. 诚实守信是做人的根本，是世界上最美丽的花朵。

42. 诚实守信，快乐人生。

43. 诚信就是取之不尽、用之不竭的知识、金钱。

44. 诚信，世界需要你。

45. 诚信创造财富。

46. 不讲诚信的人，是可耻的、可怜的、可恨的，也是可怕的。

47. 只有栽下诚信的苗，才能结出诚信的果。

48. 有其言，无其行，君子之耻也。

49. 给心灵一片净土，给诚信一片天地，人生的道路——让我们与诚信同行。

50. 人如以诚信为本，就能塑造完美人生。

记得《扬子晚报》曾刊登过这样一条新闻：安徽滁州一位50多岁的农民来到南京，等他打算回家时才发现，口袋里的钱买车票还差5元。他在南京举目无亲。在万般无奈之下，他向玄武区的一位民警借了5元钱。5元钱，也许，谁也不会放在心上，更何况是一个被城里人认为素质并不高的农民借去的呢？但是，第二天一大早，这位农民却将5元钱给这位民警送来了。

多么淳朴的农民，这一借一还，透露出来的农民的质朴，折射出来的诚信，却不能不震撼人们的心灵。

《狼来了》的故事我们实在听得太多太多了。然而，因丢诚信而失羊的痛苦教训，你吸取了吗？亲爱的朋友们，请吸取放羊娃的教训！不要再愚蠢地认为在丢失诚信后还可以再挽回。难道被狼叼走的羊儿还无法唤醒你的觉悟吗？难道你愿意过那种除了欺骗还是欺骗的生活吗？如果你的回答是不的话，那么，请你把"诚信"时时放在你心中吧！

诚信，是一种美德，是一种源源不断的财富；诚信，是一种取之不尽、用之不竭的智慧。

诚信，如此珍贵，我们应该从我做起，从现在做起，让诚信的种子，在我们的心田生根、发芽、开花、结果。

让我们守住诚信的阵地，让诚信之花永远绚丽，永远绽放！

在意大利，有一个叫皮斯阿斯的年轻人触犯了国王。皮斯阿斯被判绞刑，在法定的日子里将被无辜处死。

在临终之前，皮斯阿斯恳求国王能和远在千里之外的母亲见最后一面，国王感其诚孝，决定让他与母亲相见。但条件是，皮斯阿斯必须找一个人替他坐牢。达蒙冒着被杀头的危险替皮斯阿斯坐了牢。刑期在即，皮斯阿斯仍然没有回来，达蒙面无惧色，反而洋溢着慷慨赴死的豪情被押上刑场。围观的人很多，有的同情达蒙的遭遇，有的痛恨出卖朋友的小人皮斯阿斯。但就在追魂炮点燃的千钧一发之际，皮斯阿斯在淋漓的风雨中飞奔而来，他高喊着："我来了！我来了！"

当国王和围观的人看到气喘吁吁、全身被雨水淋透了的皮斯阿斯跑到绞刑台上时，都不敢相信自己的眼睛。皮斯阿斯抱住达蒙声泪俱下的说："达蒙好兄弟，让你受罪了！"达蒙激动的说："你不该回来啊！为了你，我死而无憾！"说完，两人抱头痛哭。

围观的人都被皮斯阿斯的诚孝和诚信感动了，也被达蒙为了朋友可以两肋插刀、赴汤蹈火的仁义所感动。于是，围观的人异口同声地请求国王放了皮斯阿斯，像这样有诚信的人不能屠戮，杀了是国家的损失！

国王深有感触的问皮斯阿斯："你回家去探望母亲，可以不回来啊？为什么还要来送死呢？"皮斯阿斯恭敬而又义正言辞的说："尊敬的国王，触犯您的是我，不是我的朋友达蒙，受罚的也应该是我，达蒙能替我坐牢，我已经感恩不尽了，我怎么能背信弃义，让信赖我的朋友替我而死呢？那样我会生不如死的！"国王被皮斯阿斯的诚信和诚孝感动了，也被两人患难与共的真挚友情所感动，便下令放了皮斯阿斯；围观的人欢呼起来。

从此，国王号召全国上下学习皮斯阿斯诚信和诚孝的精神，学习达蒙为了朋友可以赴汤蹈火的仁义。从此，国家呈现出了国泰民安的景象。皮斯阿斯也用诚信的力量改变了人生。可见，诚信的魔力是无限的！

人，以诚为本，以信为天。社会需要诚信，我们更需要诚信。

朋友，也许你只是路旁一株普通的小草，无法如鲜花般灿烂迷人；也许你只是山涧一条不为人知的清泉，无法如大海般浩瀚奔腾；也许你只是芸芸众生中一平常之人，无法如伟人般惊天动地举世瞩目……

朋友，你可以如此普通、平常、默默无闻，但绝不可以丢掉诚信这做人之本、立事之根。要让诚信与你同行，那么，就让诚实变成清晨一缕温暖的阳光，让诚实成为小鸟在耳畔的请啼，让诚信成为寒冷时身边的烘烘炉火，让诚信变成烈日下头顶的一片绿荫，时刻伴随你和我，与我们同行。如果春天没有七彩的阳光，就不会有蝶儿的满山翻飞；如果人间没有诚信，那就是一个苍凉而荒芜的世界。

诚信，如同一轮明月，曾普照大地，以它的清辉驱尽人间的阴影，她散发出了光辉，可是，她并没有失去什么，仍然那么皎洁明丽。诚信待人，付出的是真诚和信任，赢得的是友谊和尊重；诚信如一束玫瑰的芬芳，能打动有情人的心。无论时空如何变幻，都闪烁着诱人的光芒。有了它，生活就有了芬芳，有了它，人生就有了追求！

在中华民族五千年的历史中，流传着无数感人的美德故事。他们追求"富贵不能淫，贫贱不能移，威武不能屈"的道德境界，他们恪守诚信，与人为善……今天，我们重温我们优秀的道德文化传统，并在这丰富的道德资源中，汲取到中华民族腾飞的持久动力。身披一袭灿烂，心系一份执著，带着诚信上路，将踏出一路风光。俗话说："人无信不立，国无信不国。"没有诚信的个人是社会的危险品，没有诚信的民族是民族的悲哀。

诚信，是中国古代社会人际关系的精神纽带，也是人际关系的最高原则，是我们中华民族传统文化的宝贵财富。翻开中华民族五千年厚重的文明史就会发现，中华民族历来都把"诚信"作为一种美德，一种修养，一种文明，人人追而求之，歌而颂之。

诚信的故事俯拾即是。商鞅立木取信，获得百姓信任，从而推行了新法；臾骈不负信，获得世人尊敬；季扎挂剑了却徐国国君的心愿，传为千古佳话。同时，我们也看到，商纣失诚信，加速了国家的灭亡；楚怀王失信，不但忘了国，还使一代贤臣饮恨汨罗江……故我们不但看过讴歌诚实鞭打无信的故事，我们还传颂着"宁可穷而有志，不可富而无信"之类的民间谚语。不难理解，诚信是人们立身、修德、处事的根本。拥有诚信，一根小小的火柴，可以燃亮一片心空；拥有诚信，一片小小的绿叶，可以倾倒一个季节；拥有诚信，一朵小小的浪花，可以飞溅起整个海洋。相信诚信的力量，它可以点石成金，触木为玉。

让我们手挽手，真心帮助每一个需要帮助的同学。让诚信遍布学校的各个角落，同学之间互相学习，取长补短，拒绝考试作弊等不良习气。让诚信扎根我们的心灵，铭记国旗下的誓言：努力学习，报效祖国。让我们带着诚信，与诚信同行吧。当我们真正拥有诚信，就能告诉自己：因为我诚信，所以我美丽；因为我美丽，所以我自豪！

故事一：列宁是俄国十月革命的领导人，是第一个社会主义国家的创始人。他从小性格开朗，活泼好动，经常弄坏家里的东西。

列宁8岁那年，有一次母亲带着他到阿尼亚姑妈家中做客。活泼好动的小列宁一不留神，把姑娘家的一只花瓶打得粉碎了。但是，谁也没有看见。

后来，姑妈问孩子们："是谁打碎了花瓶？"其他孩子都说："不是我。"

而小列宁因为在生人家里害怕，怕说出实话会会遭到不大熟悉的姑妈的责备，所以他也跟着大家大声回答："不——是——我！"

然而，母亲看他的表情，已经猜到花瓶是淘气的小列宁打碎的。因为这孩子特别淘气，在家里经常发生类似的事情。但是，小列宁向来是主动承认错误，从未撒过谎。

于是，小列宁的妈妈就想：应该怎能样对待孩子撒谎这件事呢？当然，最省事的办法就是直接揭穿这件事，并且处罚他。但是列宁的妈妈没有这么做。她认为，重要的是教育儿子犯错误后要勇于承认错误，做一个诚实的好孩子，而不是责备他。

于是她装出相信儿子的样子，在三个月内一直没有提起这件事，而是给儿子讲各种各样的诚实守信的美德故事，等待着儿子的良心深处萌发出对自己行为的羞愧感。

从那以后，列宁的妈妈明显地感觉到，儿子不如以前活泼了，似乎是良心正在折磨着他。

有一天，在小列宁临睡前，妈妈又像往常一样，一边抚摩着他的头，一边给他讲故事。不料小列宁突然失声大哭起来，痛苦地告诉妈妈："我欺骗了阿尼亚姑妈，我说不是我打碎了花瓶，其实是我干的。"听说孩子羞愧难受的述说，妈妈耐心地安慰他，说："给阿尼亚姑妈写封信，向她主动承认错误，姑妈一定会原谅你的。"

于是，小列宁马上起床，在妈妈的帮助下，给姑妈写信承认了错误。

几天后，小列宁收到了阿尼亚姑妈寄来的回信。在信中，她不但表示原谅小列宁，还称赞小列宁是个诚实的好孩子。

小列宁得到原谅后，十分高兴，又像以前一样过着快乐的日子。他还悄悄地对妈妈说："做诚实的人真好，不用受良心的谴责。"妈妈看着儿子会心的笑了。

故事二：在台湾，流传着一则动人的诚信故事。30 年前，他和她刚认识。当时，他们两家都没有装电话，手机、寻呼机就更不用说了，那时候根本就没有。

有一次他约了她晚上看电影，结果他临时早上有事出差到台北去，他认为能够很快地赶回高雄，后来发现来不及了。回高雄坐的是最后一班飞机，到家时快晚上 11 点了。她也差不多该睡觉了。他在台北也没打电话给她，回到家也没法打电话，于是他骑着摩托车到了她家的门口，她家已经熄灯，他想他们休息了。于是他就立刻在电灯杆底下借着路灯写了一封简单的信，装进了事先准备好的信封，投到她家的信箱里。

第二天一大早，她发现了信。她本来有些失望，觉得他这个人不守信用，但是看了这封信，她接受了他。她的父亲其实并不认为这个年轻人是最理想的候选人，比他条件好的人多得是。但是她对父亲说："就是他，我就这么决定了，就嫁给他！"

这个年轻人就是台湾著名培训师余世维博士，是他的诚信赢得了爱情。

诚实节的由来

埃默纽·旦南 5 岁的时候，父母双亡，他成一个孤苦伶仃的孤儿，生活无依无靠。有人名叫顿诺的酒店老板见他可怜，便对他说："埃默纽，你到我的店里来干活吧！"老板这样做，只是为了讨得一个慈善好名声，这样，大家会说，老板心地善良，是个好人，并帮他们干很活针。

转眼之间，3 年过去，埃默纽长到了 8 岁了，他比过去更懂事了，每天辛勤劳动，待人诚恳，彬彬有礼。

一天晚上，劳累了一天的埃默纽躺下睡得正香，忽然，一声巨响惊了了。埃默纽不知发生了什么事，连忙起床真到外面房间，就在那一刹，他看到一幕十分可怕的情景。"天啊，你们在干什么?"他叫起来。原来，老板夫妇正在杀一个人。被杀的是个商人，随身带了很多钱。晚上他在酒店喝酒。结果醉成一摊泥。顿诺财迷心窍，为了掠夺商人的钱财，竟杀死了商人。

埃默纽见鲜血四溅，吓坏了，他连忙跑回到自己的小房间躲了起来。不一会儿，老板收拾干净，走进埃纽的房间，他装出悲哀的样子说："孩子，你都看到了。杀死他，我也很伤心。明天，如果警察来问这件事，你必须说：这个商人喝醉了酒，见人就打，老板是为了自卫，把凳子扔过去，不料，把他砸死了。"埃默纽望着凶狠的老板，胆怯地说："不，爸爸，事情不是这样的。我不想说谎。"

老板生气了，逼着他说："必须这样说，你向我发誓!"埃默纽摇摇头，说："不，我不想说谎!"老板羞成怒，说："那我就不客气了!"说罢，他把埃默纽捆绑起来，吊在屋梁上，用鞭子抽打他。"照不照我的话说?""不!"老板见埃默纽不改口，就狠命地抽打。最后，埃默纽被活活地打死了。

老板的罪行终于暴露了。在法庭受审的时候，他不得不讲出事情的经过与真相。埃默纽小小年纪，至死不肯说谎，他的事迹深深地感到了人们。为了纪念这个诚实的孩子，当地的人们就把埃默纽死去的这一天，也就是每年的 5 月 2 日，定为诚实节。

小樱桃树的故事

庄园中有一个很大的果园。每到收获的季节，一只只硕大的苹果、一簇簇红色的樱桃垂挂在绿叶丛中，真是逗人喜爱。

一天，小乔治在家里发现了一柄爸爸新买来斧子。很快，他就成了这打斧子的"主人"。带着它跑进花园，用它削小草、砍树枝，玩得可开心啦！玩着玩着，突然他想到："父亲能抡起斧子砍倒大树，我能不能抡起斧子砍倒小树呢？"正巧，在他的前面不远处有一棵小樱桃树，于是小乔治跑上前，抡起斧子向小樱桃树砍下去，一下，两下……刚砍了七下，小樱桃树就倒下了。

黄昏时分，当父亲发现花园被弄得乱七八糟，他十分喜爱的那棵小樱树也被人砍倒了，非常生气。他怒气冲冲地走进屋里，厉声问道："谁把我的樱桃树砍倒了？"小乔治这是明白自己闯了祸。但他仅仅犹豫了片刻，然后突然抬起头看着爸爸，态度诚恳地说："爸爸，我不能说谎，是我用斧子把树砍坏了！的确，我愿再栽上一棵，以后再也不砍了。"

小乔治的话音刚落，他父亲满脸的怒气顿时烟消云散，并称赞小乔治"那诚实的行为胜过一千棵樱桃树的价值"。后来，小樱桃树的故事传开了；"我不能说谎"也成了小乔治为人者的写照。

宋濂的故事

宋濂是我国明代一个知识渊博的人。他从小喜爱读书，但家里很穷，上不起学，也没钱买书，只好向人家借，每次借书，他都讲好期限，按时还书，从不违约，人们都乐意把书借给他。

一次，他借到一本书，越读越爱不释手，便决定把它抄下来。可是还书的期限快到了，他只好连夜抄书。时值隆冬腊月，滴水成冰。他母亲说："孩子，都半夜了，这么寒冷，天亮再抄吧。人家又不是等这书看。"宋濂说："不管人家等不等这本看，到期限就要还，这是个信用问题，也是尊重别人的表现。如果说话做事不讲信用，失信于人，怎么可能得到别人的尊重？"

又一次，宋濂要去远方向一位著名学者请教，并约好见面日期，谁知出发那天下起鹅毛雪。当宋濂挑起行李准备上路时，母亲惊讶地说："这样的天气怎能出远门呀？再说，老师那里早已大雪封山了。你这一件旧棉袄，也抵御不住深山的严寒啊！"宋濂说："娘，今不出发就会误会了拜师的日子，这就失约了；失约，就是对老师不尊重啊。风雪再大，我都得上路。"

当宋濂到达老师家里时，老师感到地称赞说道："年轻人，守信好学，将来必有出息！"

黄金百斤，不如季布一诺

季布，汉朝人，他以真诚守信著称于世。时人谚云："得黄金百斤，不如得季布一诺。"意思是说，季布的一句话，比金子还要贵重。后来，季布跟随项羽战败，为刘邦通缉，不少人都出来保护他，使他安全地渡过了难关。最后，季布凭着诚信，还受到汉王朝的重用。

李苦禅烧画

李苦禅是我国当代着名画家，他为人爽直，凡答应给人作画，从不食言。有一次，有位老朋友请他作一幅画，李苦禅因有事在身，未能及时完成。不久，当他接到老友病故的讣告后，面有愧色，立即作画，画了幅"百莲图"，并郑重其事题上老友的名字，盖上印章，随即携至后院，将画烧毁。事后，对儿子说："今后再有老友要画，及时催我，不可失信啊！"

经营人心

清代乾隆年间，南昌城有一点心店主李沙庚。最初，以货真价实赢得顾客满门。但其赚钱后便掺杂使假，对顾客也怠慢起来，生意日渐冷落。一日，书画名家郑板桥来店进餐，李沙庚惊喜万分，恭请题写店名。郑板桥挥毫题定"李沙庚点心店"六字，墨宝苍劲有力，引来众人观看，但还是无人进餐。原来"心"字少写了一点，李沙庚请求补写一点。但郑板桥却说："没有错啊，你以前生意兴隆，是因为'心'有了这一点，而今生意清淡，是因为'心'少了这一点。"李沙庚感悟，才知道经营人生的重要。从此以后，痛改前非，又一次赢得了人心，赢得了市场。

李勉的故事

李勉是唐朝人，从小喜欢读书，并且注意按照书上的要求去做。时间长了，就成了习惯，培养出了诚信儒雅的君子风度。

他虽然家境贫寒，但是从不贪取不义之财。

有一次，他出外学习，住在一家旅馆里。正好遇到一个准备进京赶考的书生，也住在那里。两人一见如故，于是经常在一起谈论古今，讨论学问，成了好朋友。

有一天，这位书生突然生病，卧床不起。李勉连忙为他请来郎中，并且按照郎中的吩咐帮他煎药，照看着他按时服药。一连好多天，李勉都细心照顾着病人的起居饮食等日常生活。可是，那位书生的病不但没有好转，反而一天天地恶化下去了。看着日渐虚弱的朋友，李勉非常着急，经常到附近的百姓家里寻找民间药方，并且常常一个人跑到山上去挖药店里买不到的草药。

一天傍晚，李勉挖药回来，先到朋友的房间，看见书生气色似乎好了一些。他心中一阵欢喜，关切地凑到床前问："哥哥，感觉可好一些？"

书生说："我想，我剩下的时间不多了，这可能是回光返照，临终前兄弟还有一事相求。"

李勉连忙安慰道："哥哥别胡思乱想，今天你的气色不是好多了么？只要静心休养，不久就会好的。哥哥不必客气，有事请讲。"

书生说："把我床下的小木箱拿出来，帮我打开。"

李勉按照吩咐做了。

书生指着里面一个包袱说："这些日子，多亏你无微不至的照顾。这是一百两银子，本是赶考用的盘缠，现在用不着了。我死后，麻烦你用部分银子替我筹办棺木，将我安葬，其余的都奉送给你，算我的一点心意，请千万要收下，不然的话兄弟我到九泉之下也不会安宁的。"

李勉为了使书生安心，只好答应收下银子。

第二天清晨，书生真的去世了。李勉遵照他的遗愿，买来棺木，精心为他料理后事。剩下了许多银子，李勉一点也没有动用，而是仔细包好，悄悄地埋在棺木下面。

不久，书生的家属接下李勉报丧的书信后赶到客栈。他们移出棺木后，发现了陪葬的银子，都很吃惊。了解到银子的来历后，大家都被李勉的诚实守信不贪财的高尚品行所感动。

后来李勉在朝廷做了大官，他仍然廉洁自律，诚信自守，深受百姓的爱戴，在文武百官中德高望重。

名人名言，关于诚信的数不胜数，从冯玉祥"对人以诚信，人不欺我；对事以诚信，事无不成。"到富兰克林"失足，你可以马上恢复站立；失信，你也许永难挽回。"，从莫里哀"一个人严守诺言，比守卫他的财产更重要。"到赫伯特"人生在世，如果失去信用，就如同行尸走肉。"

这一切，无不说明了诚信的重要性。诚信是做人的基本原则；诚信是一种高尚的品德；诚信是一座增进友谊的桥梁。

诚信 = 诚实 + 守信。

诚信无价，时间如金子般宝贵，而诚信比金子更宝贵。

　　东汉末年，曹操采纳了谋士枣祗"屯田"的建议，还要求人人都爱护庄稼，严禁毁坏麦田，违者杀头。

　　过了些日子，曹操又要率兵打仗了。出发前，他告诉众将士："我已经三令五申，不许踩坏麦田。违者，杀无赦！"

　　大队人马出发了。将士们走在田间小路上，都十分小心。曹操骑马走在前面。突然，一群小鸟从麦田里飞起来，曹操的坐骑受了惊，猛地跳起来，朝麦田冲去。那马已经完全不听曹操使唤，在麦田里奔腾跳跃，踩坏了一大片麦子。曹操费了好大劲，才在侍卫的帮助下勒住了马。曹操望着被踩坏的麦田，十分愧疚，下马去扶那些被踩倒的麦子，但怎么也扶不起来。于是，他就请军法官治罪。军法官望望麦田，又望望曹操，十分为难。曹操说："不许踩坏麦田，是我定的军纪。我自己都不能遵守，怎么能让大家信服呢？"于是，曹操"唰"的拔出宝剑，"我身为主帅，不能随便结束自己的生命，就把我的头发割下来，代替砍头之罪吧！"说罢，他长剑一挥，割下了一缕头发。曹操又让人把这缕头发拿去示众，以明军纪。曹操割发代罚，体现出他诚实守信的一面。

　　人生之舟，不堪重负，有失有得。失去了美貌，有健康做伴；失去了健康，有才学追随；失去了才学，有机敏相跟。但，一旦失去诚信，你所拥有的一切：就不过是水中月，镜中花，如过眼云烟，终会随风而逝。

　　所谓本质，是指一个事物所具有的区别于其他事物的根本性质。这种根本性质，又是由事物的内在结构所决定的。诚信作为一个道德范畴，也具有自己的内在结构，诚信的本质，即存在于它的内在结构中。

在最一般的意义上，"知"与"行"的统一构成了诚信道德的基本结构。从诚信道德的起源中可以看出，诚信是基于人们对利益的追求而产生的，在人类为了自身的生存与发展而进行合作的过程中，人们逐渐意识到，只有坚持诚信道德，人们才能够彼此信任；只有彼此信任，相互间的合作才能够长期进行下去。这就形成了人类关于诚信的意识。这种意识要求人们在合作中真诚相待，不向对方传递虚假信息或掩盖事情真相，尊重对方的权益，彼此间信守承诺或约定，忠于职守，尽心尽力，等等，从而又形成了比诚信意识更为具体和系统的诚信规范。

意识和规范，构成了诚信道德的"知"。在这个层面上，诚信成为协调人们相互间利益关系的一个基本原则。然而，道德不能只停留在原则层面上，还必须体现在行动上，也就必须进行道德实践，具体到诚信道德，就要求人们在相互间的合作中体现出诚信的意识和规范，否则，它就不可能真正达到调整人们相互间利益关系的目的。这样，将由实践中形成的意识和规范再应用于实践，就形成了诚信道德的"行"，并因此而使诚信道德形成了它的基本结构——"知"与"行"的统一。诚信道德的本质，就是由这一基本结构所决定并且在这一基本结构中体现出来的，即它是一种从道德上整合人们相互间利益关系的现实机制。

诚信的这一本质包含着极为丰富的规定性。作为一种道德，诚信明显地表现出了它的主体性特征，即它是作为主体的人所做出的一种自觉和有目的的选择。

所谓自觉的选择，主要表现为人们在处理相互间的利益关系时理智对欲望的控制。人是自然存在物和社会存在物的统一体，在自然规定性上，人都有自己的欲望和情感，这种欲望和情感，表现在社会行为上就要求他按照自己的喜好无限制、无条件地满足自己的私利；但在社会规定性上，人又只能在社会关系中存在，这又要求他具有理智或理性，在尊重他人、信守承诺、履行责任的基础上获取自己应得的利益。如果一味地采取欺诈手段或以损害他人的利益为前提而无限制地谋取自己的利益，必然会遭受他人的背弃或报复。因而理智要求他控制自己的欲望，自觉地遵循诚信原则。

所谓有目的的选择，是指人们对诚信道德的选择具有明确的动机和目的，坚信诚信道德可以帮他赢得别人的信任与合作，从而更好地实现他的利益。在这一点上，诚信道德的主体性又可以说是一种手段工具性，即人们对诚信道德的选择不是目的本身，而是一种实现特定目的的手段。但这一点也正好说明，诚信道德是人类的一种自由意志的选择，因为正是在意志的作用下，主体自觉确定目的，又依据这种目的来支配和调节自己的行为及行为方式。

对家人也要信守承诺

小张是一家世界 500 强驻北京办事处的员工。周四，3 岁的儿子央求他带自己去游乐园，小张想想也确实很久没有陪儿子了，就答应了。看着儿子欢呼雀跃的样子，小张感到特别开心。不料，周五上午，经理突然通知小张，公司周末派他去天津出差。想到儿子可能失望的表情，小张感到有点失落，但是工作安排不能随便打乱，小张还是答应了下来。

出了经理的办公室，小张赶紧给家里打了电话，通知儿子这一坏消息。不出意料，小家伙在电话那头又哭又闹的，小张费了半天劲才哄好了儿子，一抬头却看到经理站在了身边。小张立刻惶恐地站起来，以为是自己声音太大了，连连向经理道歉。经理并没有责备他，只是询问小张是否之前周末已有安排。小张急忙表示没什么要紧的事，只是之前答应过儿子带他出去玩，自己还是会按照原计划出差的。

经理摇了摇头，让小张周末还是带儿子去游乐园，他另找人去天津出差。小张听后，大急，以为自己说错了什么，连忙解释起来。而经理直接打断了他的诉说："小张，你之前已经答应了你的孩子。这一点你该告诉我，答应是一种承诺，既然已经承诺了，就要去做。对一个 3 岁小孩失约是一件可怕的事，你会破坏他的价值观。这次的出差并不重要，我另找人就行了。小张，我很看好你，你要记住，今后无论对待任何事，承诺了就一定要兑现。诚信是人的另一张名片。没有诚信不能服众，如果你经常像这样说了却不做，我今后如何能放心地把事情交给你呢？"

这样一个真实的故事，凸显了企业的价值观，揭秘了企业的用人理念，更重要的是让我们懂得企业的员工核心价值观，就是做人做事的价值观的弘扬和实践诚信至上。诚信是金。

所以，很多同事经过自己的管理实践，总结出一些诚信的原则，值得分享。例如：不轻易承诺，做不到的事情，绝不能承诺；即使能做到，也不要轻易给出承诺，因为没有承诺却做到了，可以给人惊喜，让人感激；承诺的少，给予的多，也就是说，不要给人不切实际的期望，最终能超越期待地给人回报。

王石的"被尊重"

王石是一个非常有自制力的人，他说出的话一向都能做到。

王石还特别喜欢挑战自己，曾经攀登过珠穆朗玛峰。攀登的时候，教练告诉他及同他一起的登山者要有足够的体力，要在下午 5 点睡觉，同时注意保暖。

与王石一同登山的有一位叫大刘。大刘是一个容易兴奋的人，又正处于壮年，觉得自己的身体没有问题，于是在 8000 米以下时总是睡得很晚。一听说有好的风景就三步并作两步跑去观看，结果一到 8000 米，身体就出现了状况，打了退堂鼓。而王石则不同，每天都按照登山教练的指示，到点就老老实实地进帐篷休息，任他人怎么说景色优美都不出帐篷，同时为了保持体力，不管山上的食物多么难吃，他都完全咽下。教练要求擦让人难受的防晒油时，他也一丝不苟，而且涂得特别厚。最终，王石在 48 岁时征服了珠穆朗玛峰。

正是这种信念坚定、能够忍耐一切困苦的自制力，才让王石取得了他人所没有取得的成功。

这是冯仑的《野蛮生长》里提到的关于王石的故事。表象上看是王石的毅力征服了一切，而我的理解却是王石的诚信在起作用，告知自己要做的，一定要做到，劝诫自己不要做的，坚决不做。而恰恰是这些看似不重要的东西，帮助王石成功，让王石得到尊重。

诚信一旦消失，一个人的肉体便没有了灵魂；诚信一旦毁掉，可能需要几十年的努力才能修复。一个人信誉和声望的积累可能需要 15 年，但毁掉它可能只需要 5 分钟。

如果说诚信为根基，那么正直就是根本。正直就是要不畏强势，敢作敢为；正直就是要能够坚持正途，要勇于承认错误；正直意味着有勇气坚持自己的信念。当然，这一点包括有能力去坚持你认为是正确的东西，在需要的时候义无反顾，并能公开反对你确认是错误的东西。

"正直，不偏邪也。"

"正直者顺道而行、顺理而言、公平无私；不为安肆志、不为危激行。"

狄更斯曾说：一个健全的心态，比一百种智慧更有力量。而正直就是健全心态的基础。

公司的价值观中"诚信正直"排在了第一位，这也是公司始终强调的，我们一定要先做人后做事，要正直、要真实、要坚守原则，不"随风倒"。因为逃避真实，实际上就是抛弃本来能够掌握的自己想要得到的信息。逃避真实，就会逐步习惯于掩饰，习惯于撒谎，习惯于没有立场，没有原则。如此这般，导致团队成员之间失去相互的尊敬和信赖。纽约的一家全球知名的投资银行把诚信与伦理道德看成是企业健康发展的基础，以至于在公司价值观陈述中三次提到了这些词汇。然而正是这家企业，与其他许多竞争对手一样，给员工下达了如果讲诚信就几乎不可能完成的任务，从而在不知不觉中使自己关于诚信的目标落空。

初来乍到的银行职员叫作"分析员"，在一天三顿饭都要在办公桌边解决，每天要在办公室干到晚上 10 点钟的重负之下，分析员们很快就学会了怎样耍手段：晚上溜出去健身时，把西服外套留在椅背上，让人以为他们就在座位附近。这样，欺骗的行为习惯就融进了公司的文化中，从微小的种子，酿成了日后的大患。这种代价是昂贵的。资深的投资银行家以连年的巨大奉献换取潜在的高额经济回报，如果做得好的话，他们可以在 40 多岁的时候退休，还有足够的时间开始享受真正的生活。而银行呢？则接受过早失去许多最有价值员工的损失，把这种损失当作做生意的代价，并以这些员工在他们短暂但却硕果累累的职业生涯中为企业所带来的巨额收入来自我安慰。高度紧张的银行家们一个交易接着另一个交易，很少有机会谋求作为个人或作为领导的自我发展。他们太忙了，太专注于残酷的竞争，而难有兴趣来探索自我。正因为如此，很多银行都缺少拥有诚信和商业智慧的鼓舞人心的领导。表面上看，这种自相矛盾的体系好像是众多投资银行卷入财务丑闻的主要原因，但深挖下去，这些企业尽管都虚伪地强调诚信，但它们真正关心的决非诚信，而是要遵守行业的游戏规则。如果违背了这些规则，企业就可能被毁掉。在现实中，遵守游戏规则是主要的，而诚信是次要的。具有讽刺意味的是，这样的体系终于导致这些游戏规则本身走向崩溃。在写这篇文章时，多项关于投资银行业惯例做法的调查正在进行，华尔街公司仅因股票分析舞弊一项，就面临着约 10 亿美元的罚款。

（三）诚信，从传统走向现代

诚信的价值观

随着市场的扩展，人们之间的交易越来越需要诚信。然而，何为诚信？人们为什么对诚信有强烈的需求？弄清这个问题，对于建立市场与社会的信用机制，发展和维护绝大多数人的利益很有现实意义。

诚信是利益之源。诚信、信誉、信用，虽然说法不同，但其内涵基本是一致的。古代社会强调诚信，而现代社会则侧重信用。信用有广义与狭义之分。广义的信用是指社会主体之间以诚实守信为基础的价值取向，即人们通常所说的"讲信用"、"守信誉"、"一诺千金"。狭义的信用则是指现代市场条件下受信方向授信方指定时间内所作的某种承诺（合约）的兑现能力。从信用的细分来看，因受信对象的性质不同，信用可分为公共信用、商业信用、组织信用、政府信用；从社会角度来看，信用又可分为两类，一类是组织信用，包括政府、企业等各种社会组织，一类是个人信用，而个人信用又是组织信用的基础的细胞。所以，信用首先是个人的一种行为，一种履约的能力。诚信是一个偏正词组，"信"是中心词，"诚"是修饰和限制"信"的。所以，诚信的核心是信。"诚者，天道也，思诚者，人之道也。"（孟子语）

诚，含有真实之意，孟子把诚看作是自然规律，人们偏好诚也是合乎人性的。而信与诚的含义却有所不同，"信者，道之魂也"，人性中离开了信，也就离开了人生之道，违背了自然规律。所以，中国儒家文化是非常重视诚信的。孔子所言"仁、义、礼、智、信"这五个字，可以说是儒家文化的精髓。这五个字中信是仁、义、礼、智的基础，是做人出发点和归宿点。对不讲信用的人，孔子曾迷惑不解，曰："人而无信，不知其可也。"所以他得出"民无信不立"的结论，告诫人们，富与贵乃"人之所欲也"，然"不以其道得之，不处也"。古人把诚信看成是立身之本，立国之基，是非常符合人性和自然规律的。诚信不仅是交易的纽带，也是谋取利益的源泉。中国人在古代就意识到，诚信能给自己带来好处。这比英国亚当·斯密提出有自利行为的经济人假设要早 2000 多年。墨子说："与人谋事，先人得之；与人举事，先人成之"。"利人者，人亦从而利之"。另一句古语："欲将取之，必先与之"。这些古语隐含着人们进行交易时的因果关系。意思是说，你与别人谋事，有好处应让别人先得；你与别人合作举事，应先助别人成功。只要你的行为对别人有利，你自己从中也会得到利益。不难看出，古代交易，对利也是取之有道的，能正确处理"利人者"与"人亦从而利之"的辩证关系。而维系交易关系主要靠诚信，诚信既是谋利之源，也是取利之道。到了现代，诚信也完全符合经济人的假说。英国的亚当·斯密认为，任何人在做经济决策时出发点基本上是自利的。他对经济人的看法主要有这样几点：第一，每个人是他自己利益的判断者，如果不发生干预，他的行为可使他达到自己的目的（最大利益）；第二，每个人在追求自己的利益时又不得不考虑他人的私利，否则就难以实现自己的利益，正是在这一点构成了交易的意义；第三，当每个人都能自由地选择某种方式追求自己的最大利益时，"一只无形的手"会将他们对私利的追求引导到能够为公共利益作出最大贡献的途径上去。从斯密的观点中可以看出，经济人追求私利基本上是理性的，是以诚信作为基础的。特别是在交易中，经济人不仅追求自己的私利，而且也考虑他人的私利，只有实现他人的私利，自己的私利才能实现。这同中国古代墨子所言"利人者，人亦从而利之"的意思完全一样。经济人懂得诚信在交易中的重要性，不守信、交易无法进行，没有交易，就不能实现个人的私利，所以，理性的经济人在交易中是非常守信的。正是这一点，确立了诚信是交易的前提，而交易又是实现个人私利的源泉。要实现个人私利，必须诚实守信；只有坚持诚信，才能不断扩大交易，只有不断扩大交易，才能不断增加个人利益。因此，纵观古今中外，诚信不单是一个道德问题，还是一个经济利益问题，而利益是诚信的本质，诚信是利益的源泉，离开了诚信，利益将成为无源之水。

诚信是重复博弈的结果。诚信，并非人们自觉自愿的选择，而是出自自身利益的需要，是人们在交易中重复博弈的结果。有人发现，在一个相对封闭的小乡村，人们守信的程度和履约的能力相对较高。为什么？因为大家生活在一起，谁守信，谁不守信，信息的识别和传递相对较快。如果有人信誉不好，大家很快就知道了，那么这个人在这个村庄里就很难获得其他人的信任，他可能因为失信而中断同村庄其他人的交易，受到应有的"惩罚"。这对不守信的人是非常不利的，他不仅丧失了许多交易的机会，而且个人的名声以及对整个家庭甚至后代都会受到损害。一个老农民临终前叫来儿子，告诉他欠邻居的钱没有还，要儿子替他还债，儿子不得不还，因为父债子还是讲诚信的表现，如果儿子不替父亲还债，那样他的家庭就会失信于人。所以，在一个相对封闭的社会，由于受到交易范围的局限，人们需要在这个狭小的范围内反复打交道，出于自身利益的考虑，往往会选择守信。然而，在一个相对开放的城市，不守信的人反而很多。为什么？因为城市不同乡村，城市人口众多，流动性大，交易频繁，信息的识别和传递困难，尤其是一次性交易，失信的可能性最大。如果交易中失信的获利大于守信的成本，且是一次性交易，那么人们极有可能选择失信。如果交易是重复进行，那么他可能选择守信，因为守信能给他带来长期利益。所以，在开放的社会中，如果缺乏信息披露和显示机制，当失信获利大于守信成本时，人们有可能选择失信。为了证明上述判断源于个人利益驱动机制，这里引用博弈思想简单分析诚信是怎样确立的。假定有两个人进行一项交易（甲方与乙方），经过讨价还价，他们达成了协议。在履约中，乙方因新投资机会的获利大于该项目，于是抽走资金，导致与甲方合作的项目无法进行。对此，甲方采取针锋相对的策略，诉诸法律，结果造成双方不合作，导致两败俱伤。后来这两人在与其他人交易中，记取了不合作的教训，选择合作的策略，双方都获利，导致"双赢"的结果。从这两次博弈中，他们懂得选择不合作策略，会导致利益受损；选择合作策略，对双方都有利，于是守信的利益大于失信的利益。上述博弈过程，简单地说，就是你选择不合作，我也选择不合作，如果你不合作，我合作，我就会吃亏。只有你不合作，我也不合作，双方才会达成不合作均衡。你选择合作，我也选择合作，只有双方都选择合作，才会达成合作均衡。通过重复博弈，人们最终会选择诚信。所以，诚信是重复博弈的结果。既然诚信是自身利益所然，那么人们是根据什么来选择诚信的？一般来看，诚信是有很强的预期性特征，这种预期性主要来自信息。因为在信息不对称状态下，拥有信息优势的一方往往在一次性买卖当中容易欺骗对方。例如生产、销售假冒伪劣产品，坑害消费者，就是因为生产者与消费者之间存在着严重的信息不对称。生产者知道自己生产的是假货，而消费者由于缺乏必要的信息，不知道这是假货而购买了生产者的假货，结果生产者因生产假货而大获其利，而消费者的利益却因此而受损。如果有人披露生产者生产假货的信息，消费者就不会上当受骗。然而，社会还不能做到向人们提供完全的信息，人们只能根据自己的预期作出选择。生产者预期生产的假货不会被人们识破，因此作出生产假货的决策；消费者预期自己购买的产品不会有假，所以作出购买的决定。于是双方根据自己的预期终于成交。这里，信息的多寡与真假，对交易双方的预期起决定性的作用。事实证明，拥有信息优势的生产者对信息缺乏的消费者，容易不讲诚信。因为生产者不讲诚信，能给自己带来最大利益。所以，信息不对称是不讲诚信的深层原因。要讲诚信，就要公开信息，建立社会信息识别和传递机制。只有公开完全、真实的信息，人们在交易中才会权衡利弊，最终作出守信的选择。

诚信具有外部经济特征。社会曾经面临和正在面临的问题，都是外部性问题。外部性存在于社会经济发展过程中。在西方经济理论中，有关外部性（或外部效应）的定义颇多。什么是外部性？简练地说，当一个人（或一些人）没有全部承担他的行动引起的成本、收益时，反过来说，有人承担了他人的行动引起的成本、收益时，就存在着外部性。首先，外部性涉及到人们的行动。当然在这里，这些行动是指人与人之间的交互行动，即交易。在交互行动中，人们之间存在着利害冲突。其次，涉及到外部性的判别标准。这一标准是以契约论为基础的经济理论判别效率的标准。这种理论认为，双方同意的交易是效率最佳的交易，而同意与否不是一个心理问题，而是一个成本问题。再次，涉及到成本与收益的概念。这两个概念一碰到外部性问题后，两者之间的界限却模糊了。在人与人之间的交互行动中，一个人的成本可能就是另一个人的收益；一个人的收益又可能是另一个人的成本。外部性与诚信有密切联系。外部性因交易而生，交易却因诚信而立。讲诚信，会产生正外部效应，亦称外部经济；不讲诚信，会产生负外部效应，亦称外部不经济。具体来说，诚信是达成交易的关键。当交易双方都守信时，不仅对交易双方都有利，而且对第三方也会产生外部经济。因为交易双方守信，不仅有利于双方继续交易，而且因信誉好会扩大与其他人交易。相反，如果交易双方不讲诚信，不仅损害自己的利益，而且也会损害其他人的利益。例如，我国的"三角债"，就是一个很有说服力的事例。甲方欠乙方的债务不还，看起来是甲乙双方的事情，其实不然，乙方因甲方欠债不还而影响乙方直接偿还丙方债务的能力，导致乙方失信丙方，损害了丙方的利益。这就是外部不经济。所以，交易的一方失信，会产生连锁反应，这是当今社会失信的普遍现象。不讲诚信可能与某项制度缺陷和高额的交易费用有关。许多研究表明，市场交易和政府行为都是依据一定的制度和规则行事的。如果某项制度有缺陷，或者对事前交易缺乏约束，或者对某项权利界定不清，或者因执行制度的成本太高，或者缺乏有效的监督，都有可能导致违约和失信。从这一点看，诚信与制度安排有关。罗纳德·科斯在他的《社会成本》一文中证明在交易费用为零的情况下，无论初始的对于各类资源和权利如何分配，最终资源都将会得到最有价值的使用，理性的主体总会将外溢成本与收益考虑在内，社会成本从而不复存在。实际上，在现实世界里，交易费用不是为零而是为正，在交易费用为正的情况下，不同界定会带来不同的效率的资源配置，交易费用使所有权的分配成为首要的因素。所以，科斯提出了产权的界定和产权分割在经济交易中的重要性。即使在对产权的最初界定明确以后，参与谈判的双方也会利用市场机制，通过订立合约而找到使各自利益损失最小的制度安排。这里科斯不仅揭示了外部性可以通过交易双方的合约安排将其内在化，而且也提出了外部性可以通过政府对产权的界定和产权的安排以及制度创新，将其纳入交易当事人的成本函数。尽管外部性可以通过合约或制度安排将其内在化，但是，合约和制度的执行，要靠交易双方的诚实守信。如果合约不完全和制度有缺陷，交易双方中的任何一方都有可能"钻空子"以期获得最大利益，从而产生负外部性。所以解决外部性问题，不仅要解决合约和制度安排问题，还要解决诚信问题。而解决失信问题，重要的是加大失信的成本，只有当失信的成本高得超出失信人的支付能力时，失信人才会老老实实地选择守信。要将诚信的外部性纳入交易当事人的成本函数，政府就要增加诚信制度供给，尤其是要针对市场主体的准入、经营、退出等行为，增加诚信的制度安排，逐步减少因交易而产生的外部性和违约、失信问题，确保人们在守信的前提下追求和实现个人利益的最大化。

国外诚信故事：故事发生在 1797 年。这一年，这片土地的小主人才 5 岁时，不慎从这里的悬崖上坠落身亡。其父伤心欲绝，将他埋葬于此，并修建了这样一个小小的陵墓，以作纪念。数年后，家道衰落，老主人不得不将这片土地转让。出于对儿子的爱心，他对今后的土地主人提出一个奇特的要求，他要求新主人把孩子的陵墓作为土地的一部分，永远不要毁坏它。新主人答应了，并把这个条件写进了契约。这样，孩子的陵墓就被保留了下来。

沧海桑田，一百年过去了。这片土地不知道辗转卖过了多少次，也不知道换过了多少个主人，孩子的名字早已被世人忘却，但孩子的陵墓仍然还在那里，它依据一个又一个的买卖契约，被完整无损地保存下来。到了 1897 年，这片风水宝地被选中作为格兰特将军陵园。政府成了这块土地的主人，无名孩子的墓在政府手中完整无损地保留下来，成了格兰特将军陵墓的邻居。一个伟大的历史缔造者之墓和一个无名孩童之墓毗邻，这可能是世界上独一无二的奇观。

1997 年，为了缅怀格兰特将军，当时的纽约市长朱利安尼来到这里。那时，刚好是格兰特将军陵墓建立一百周年，也是小孩去世两百周年的时间，朱利安尼市长亲自撰写了这个动人的故事，并把它刻在木牌上，立在无名小孩陵墓的旁边，让这个关于诚信的故事世世代代流传下去……

（四）承诺是一种信誉

在生活中，只有有了承诺，才会使我们不断实现目标，才能找到生的意义，所以我们需要承诺。

承诺需要诚信，就像孩子需要母亲的关怀一般。古往今来，就有很多这类的事例。

秦国商鞅下令在都城南门竖起一根三丈高的木头，他说："谁能把它扛到北门去，赏黄金 10 两。"可没人相信这是真的，也就没人去扛。几天后，商鞅将赏金加到了 50 两，终于有人动心了。扛完木头，便真的领到了 50 两金子。于是，百姓议论纷纷，说他的命令不含糊。后来商鞅的变法得到了百姓的支持，秦国由此渐渐强盛起来。

商鞅能说到做到，取信于民！

言必信，行必果，这是一句来自《论语》中的名言。

历史迁移至今日，现在的社会更需要诚信。在日常的生活中，必须要有诚信，才能使人际日益密切。

所以，我们需要承诺，需要诚信，需要依附诚信的承诺。只有所有的人都讲究诚信，把它当作自己为人处事的第一原则，我们才能生活在一个诚信的社会里。

诚信之中，"诚"是由"言"与"成"组成，"信"是由"人"与"言"组成，这就是说"人只有说到做到，才能成功"。

就像泰戈尔说的，"信用的坠地，犹如打碎的镜子再不能重圆。"

有一年秋天，北大新学期开始了，一个外地来的学子背着大包小包走进了校园，实在太累了，就把包放在路边。这时正好一个老人走来，年轻学子就拜托老人替自己看一下包，而自己则轻装去办理手续。老人爽快地答应了。近一个小时过去了，学子归来，老人还在尽职尽责地看守。谢过老人，两人分别。几天后是北大的开学典礼，这位年轻的学子惊讶地发现，主席台上就坐的北大副校长季羡林正是那天替自己看行李的老人。

我不知道这位学子当时是怎样的一种心情，但我闻知这个故事之后却强烈地感到：诚信才是最高的学位！

如果没有依附诚信的承诺，怎么会有刘备与诸葛亮的君臣深交？又怎么会有"鞠躬尽瘁，死而后已"的千古佳话？如果没有依附诚信的承诺，怎么会有红军与老百姓的鱼水之情？又怎么会有繁荣富强、蒸蒸日上的中华大国？

（五）信任沟通心灵的桥梁

信任是我们人与人之间永恒的珍惜；信任是一盏照亮人生的明灯；信任更是一眼清泉，洗涤我们的心灵。信任是黏合剂，它能使人与人之间的心灵进一步缩小。

　　信任让他守候了一生坚贞的爱情。

　　在抗战时期，在延安有一对抗大学生，女的叫张露萍，男的叫李清。有一天，张露萍接到了秘密通知，让她到陪都重庆的军统电讯班工作。张露萍接到了消息后，便告诉了李清。李清深情地看着新婚燕尔的妻子张露萍，切深地说出了一句话："你去吧，我在这等你。"从此二人分开了。就这样，张露萍来到了重庆，开始了她的紧张危险的地下工作。她每天都扮一个时尚青年和领导出入各个舞会，有的人说："张露萍和她的领导好上了！"不久这个小道消息传到了延安的李清的耳朵里，可是他却仍然信任着这份爱情是坚不可摧的。

　　在一次意外事件中，张露萍不幸被捕。之后，李清再也没有她的消息了。而李清多次被人劝再娶一个，而他相信张露萍一定会回来的，在解放前期，张露萍等七名革命志士被国民党秘密杀害了，而李清也一直终生未娶，一生都在思念着她！

　　信任是冬天里一束温暖的阳光，它能照亮孤独寂寞的心灵。

　　当今社会，有这样一种现象：人与人之间完全没有信任可言，人与人心灵之间的空缺是用金钱铺起的，它坎坷不平，完全没有信任铺的路那般平坦宽阔。在当今时代，还有一种现象是人情淡薄，就连朋友办事也要送上一条好烟或送一点钱，才能够办成事。老师上课不给孩子讲应该交代的所有知识，而是一味的旁敲侧击的让孩子上补课班，用金钱来买知识，难道金钱真的比信任重要吗？

　　信任不是彼此之间用金钱可以交换的，信任也不是口头上说的冠冕堂皇的话，信任是对一个人一生产生改变的关爱。

举贤不避亲仇

祁奚向晋悼公请求退休时，晋悼公问他谁可接任。祁奚推荐了他的仇人解狐。晋悼公大惊："解狐不是你的仇人吗？"祁奚回答说："主公只是问我何人适合，并没有问谁是我的仇人。"于是，晋悼公就准备让解狐接任。不巧，还没下旨解狐就死了。

晋悼公便又向祁奚征求意见，祁奚推举自己的儿子祁午。晋悼公又惊道："你怎么能推荐自己的儿子呢？你不怕别人对你有看法吗？"祁奚又说："主公仍然是问我何人适合，祁午适合这个位子，这和他是我的儿子有什么关系？"

恰巧这时，祁奚的副手羊舌职也死了。晋悼公又问祁奚："谁可接任？"祁奚答道："羊舌职的儿子羊舌赤适合。"这次，晋悼公不再表示疑虑，安排祁午做了中军尉，羊舌赤辅佐。

结果，不久后，大家都称赞晋悼公是个知人善任的明君。

祁奚举荐人不避亲，君子坦荡荡，的确让人敬佩。

诚信，也许你已走过无数春秋，然而备受瞩目的你依旧焕发青春与活力，为人们讲述着新的发展历程。

最美妈妈见孩子从高楼坠落，奋不顾身双手救下"新"的小生命。有人说她借机炒作，她并未反应激动。她道出了自己平凡朴实的心声，一颗当时只充满救人的心灵，不仅包容了世界，也使说她的人自惭形秽。无论是美丽的鲜花，雷鸣般的掌声，还是闪耀的舞台，人们的歌颂或许都不是她期待的，在她的内心深处是为小生命的健康状况而担忧，是为世间的诚信而自豪，是一种透着狭小但却深厚，平凡但却持久的感动。

最美司机突遇"飞来横祸"坚持靠路边停车，他趴倒在方向盘上永远离开了，而车内乘客全部安然无恙。出殡的现场盛大而肃穆，当地政府为其举哀，杭州市民'倾巢'出动。最美司机将责任传给每个人，将诚信传给我辈后来人。他书写的不是世人目光聚焦的场面，而是一份真诚，对人民的诚信，对后人的勉励。创造的感动因而得到升华，凝聚。

调查当你付钱为你好友买彩票时，若中巨奖该怎么做。有人选择平分，有人选择不告诉朋友，也有人选择告诉对方或没有选择。且不说孰对孰错，我们对人生不同的理解会决定我们行为处事的不同。有选择没有选择本身就是你心中的诚信。

诚信，引领时代前进，与时代对话。

诚信，你准备好了吗

诚信是每个人心中的美德。在我们这个人文社会，不管在哪一个方面，都要讲究诚信。诚信是福。一个拥有诚信的人，不管在事业方面，还是在生活方面都会取得成功。

诚信是讲究方方面面的，商业、工作、生活、交友……都要讲究诚信，人们需要诚信维持关系；商业需要诚信来维持自己的生计，维持与其它公司的合作。

诚信可以使他人对自己有好感，诚信也可以让自己的事业和生活得到提高。诚信可以使自己的身心得到提高，甚至可以使自己一举成名。诚信能够帮助自己取得在事业上的成就，也能取得在生活上的快乐。

诚信不仅是说，也要行动。学会诚信还要学会谨慎，不能对他人坦白对自己对他人不好的事；一颗诚实的心还需要谨慎，谨慎待人。

当别人信任自己时，要格外小心。诚信需要坚持，只有坚持才会提高。有一个成语叫做日行一善，我们也要做到日行一诚。只有坚持才能保持自己不变的品德，改善自己的身心，磨练自己的耐力。

诚信就是诚实守信。一个守信用的人往往会被他人所接应。诚实需要勇敢和谨慎，信用需要坚持和完善。只有做到这样，自己才能完完全全的是诚信的人。

诚信最基本的一点就是不欺骗他人、守信用。一个无诚信的人就是丧失了品德，是一个身心不健康的人，不仅伤害了自己，也伤害了他人，可以说就是骗子。这样的人不但得不到他人的信赖，在社会上也无法立足；这样的人很难交到知心的朋友。

诚信需要经得起诱惑，无论是多大的利益，只要是违背诚信的都不要去做，如果做了，会对自己将来有着很大的影响。和无诚信比起来，诚信要好得许多，既然诚信好，我们为什么又要去选择无诚信呢？

诚信已成了这个社会必不可少的品德，诚信能完善我们自己，它对自己、他人都有好处，搏得信任，搏得好感，搏得事业上的提高，搏得生活上的进步，这些比无诚信要好上许多。懂得诚信，做好诚信，改善身心，利益如流。天使的翅膀碎了，落到人间，成了我们的忧伤；诚信的背囊抛了，散到世上，成了撒旦的魔杖。

　　人生之舟，不堪重负，有弃有取，有失有得。失去了美貌，有健康陪伴；失去了健康，有才学追随；失去了才学，有机敏相跟。但失去了诚信呢？失去诚信，你所拥有一切：金钱、荣誉、才学、机敏……就不过是水中月、镜中花，如过眼云烟，终会随风而逝。

　　不欺骗，不隐瞒，才是正确的人生态度。远离尔虞我诈、圆滑世故，多一份真诚的感情，多一点信任的目光，脚踏一方诚信的净土，就可浇灌出人生最美丽的花朵，夯筑起人生坚不可摧的铜墙铁壁。

　　相信诚信的力量，它可以点石成金，触木为玉。我们崇尚这样一种诚信：仰起希冀的脸庞，拍拍娇嫩的手，歪歪头，说："相信你！"此时此刻，难道你的心底能不涌起一股激动的热潮？我们向往这样一种诚信；舒开紧蹙的眉，露出笑靥，快步走到朋友面前，说："真诚地祝贺你！"此景此境，难道你的头脑没有闪烁过一片快乐的彩云？播种诚信，你收获的就不仅仅是朋友的信任，还有一个可以信任的世界。

　　抛弃诚信，虚伪的面具将充斥生活的每个角落，生命变得生气全无，友谊之花在凋谢，亲情之果在陨落；撩起人们面前的五彩面纱，露出的是"君子"们道貌岸然的脸，变了形的丑陋的脸。这样的世界，流淌着恶浊的血液，飘浮着腐朽的气息，太可怕了！

　　诚信一旦被抛弃，再也映不出朝霞的绚烂。我向往真诚，渴望信任，希望旷野远望时，天蓝草碧，云白风清。

　　背好诚信的行囊，抓牢诚信的行囊，人生路上的步履才会更平稳，足音才会更响亮！

　　天使用诚信作绷带，医好了飞翔的翅膀。我知道，撒旦的谎言会被揭穿，他的魔杖会失灵。诚信不可抛，它是法宝！

　　身披一袭灿烂，心系一份执著，带着诚信上路，将踏出一路风光！

第五章 人格魅力的提升在于修养

（一） 自律——人格魅力的化妆师

自律，指在没有人现场监督的情况下，通过自己要求自己，变被动为主动，自觉地遵守法度，拿它来约束自己的一言一行。吴叔达说："立志言为本，修身行乃先。"但丁也说："一个知识不全的人可以用道德去弥补，而一个道德不全的人却难以用知识去弥补。"自律并不是让一大堆规章制度来层层地束缚自己，而是用自律的行动创造一种井然的秩序来为我们的学习生活争取更大的自由。

先给大家讲个故事：中国历史上有个叫徐溥的人，他在求学期间为了不断检点自己的言行，在书桌上放了两个瓶子，当自己说了或做了一件不好的事，就在一个瓶子里放一粒黑豆，做了好事就在另一个瓶子里放一粒黄豆，由于他时时反省自己，严于律己，久而久之，瓶中的黄豆逐渐多起来而黑豆却粒粒可数。朱熹说："不奋发，则心日颓靡；不检束，则心日恣肆。"凭着对自己言行的这种持久的约束，不断修炼，徐溥终于成为一代名臣。俄罗斯伟大的小说家安德列耶夫曾说：一个人最大的胜利是战胜自己！这也就是所谓的"自律"。从大的方面说，自律是一个群体的思想品质的体现；从小的方面来说，它是对一个人意志力的考验。

所谓"自律"就是遵守法度，自加约束。孔子说："内省不疚，夫何忧何惧。"柏拉图也说："自制是一种秩序，一种对于快乐与欲望的控制。"如果把"自律"比作一个球筐，而人的思想和行为就如筐中的球，没有了"自律"这个球筐，人的思想就会虚幻飘渺，人的行为就会失去分寸。把"自律"比作一条缰绳，拉着我们这些懵懂却张扬的野马，才使我们不会因兴奋过度而掉下万丈悬崖。自律也像一个导航仪。这船上有了并不起眼的配置，就不会迷失方向，船头永远指向要去的地方。换言之，自律就是我们生活和学习中的纪律和规则，是自己对于自己言行的监督。

我们都知道世上没有绝对的自由，只有相对的自由。那么，如何去获得真正的自由？其中非常关键的一点就是：我们平时在工作、学习和生活中要严格做到自律，自己约束自己，即自己要求自己按一定的规范去做。

古罗马喜剧作家普罗图斯说过："能主宰自己灵魂的人，将永远被称为征服者的征服者。"美国诗人罗·勃朗宁说："一个人一旦打响了征服自我的战斗，他便是值得称道的人。"

也许现在的你还没有完全懂得自律的意义，但它却时时在我们身边起着不可估量的作用。

法国有个心理学家曾做过这样一个实验：将一群小孩子安置

在同一个房间，并放上糖果，告诉他们糖果只能等工作人员回来再吃，然后又用隐藏的摄像头观察他们，发现只有少部分孩子克服了糖果的诱惑，而大多数都吃下了糖果。以后工作人员跟踪调查，发现没吃糖的孩子成人后在事业上大多都很成功，而吃了糖的那部分孩子却少有成就，并且失业率很高。

一代影星成龙在出国的时候，他父亲告诫他三点："不许赌博、不许吸毒、不许加入黑社会。"他立下了人生理想，许下了人生诺言，严格要求自己的一言一行，决心做一个真正属于自己的人，做一个有利于社会和民族的人，在金钱、地位、利益面前成龙能够约束自己，坚决抵制住诱惑，这为他日后成功奠定了坚实的基石。

由此可见，自律是成功的基石。

尤其在物质生活日益发达的今天，面对各种各样的诱惑，我们稍不注意，就会陷入泥潭之中，难以自拔。作为羽翼未丰的我们想法简单，做事往往有欠考虑，在极度张扬个性，对自己放任自流的同时酿成大错，到那时悔之已晚。

陀思妥耶夫斯基说："如若你想征服全世界，你就得征服自己。"巴尔扎克也说："一个年轻人，心情冷下来时，头脑会变得健全。"同学们要懂得：对于疾病，人类最文明的治疗方法是预防；对于人生道路上的伤害，最文明的办法是设法避免，而自律恰恰是最有效的预防方法。人生不可能在十分自由的时空中度过，有环境束缚着你、道德规范着你、纪律约束着你，与其去追求不可能有的绝对自由，还不如从内心深处去认识这些束缚的必要性。只有这样，你才能找到真正属于你的自由，达到灵魂的升华。那么，我们如何学会自律呢？

首先，要学好与中学生有关的一些法律、法规、中学生守则及学校的各项制度，通过学习，我们才能明确：什么是可以做的，什么是不可以做的，什么是必须做的。用各种规范来指导我们，提高我们明辨是非的能力，努力使其成为我们行为的指南。

其次，自律行为跟顽强的意志力是分不开的。沈从文说："征服自己的一切弱点，正是一个人伟大的起始。"毛泽东也说："我们应该抑制自满，时时批评自己的缺点，好像我们为了清洁，为了去掉灰尘，天天要洗脸，天天要扫地一样。"没有顽强意志力的支撑，自律只是一纸空文。也许你有了自律的意识，但行为表现出的却与自律所要求的不相称。这时，就需要用顽强的意志力作助推剂，将内心的自律意识变成实际的自律行动。

再次，要从小事做起。刘备曾说："勿以恶小而为之，勿以善小而不为。"从古至今，律己的人都是注意小节的，因为他们明白"千里之堤，溃于蚁穴"的道理。如果任小陋习其发展，不加以控制，那么它就会像滚雪球那样越滚越大，最终造成严重后果。

最后，要经常反思。只有经常反省自己的过失，才会不断积累经验，更加严格要求自己。只有经常的反省自己的言行，才能达到自我教育、自我完善的目的，使自己无论在公开场合，还是在无人知晓的情况下，都能自觉地按照各种规范去做。

对于一名初一同学来说，自律是一面镜子。王安石云："不患人之不能，而患己之不勉。"每一天，伴着阳光踏入校园，你的一举一动将与校规一一对比，是好是坏，是丑是美，这面镜子会给你一份答案。它会像个报警器，时时提醒你；它会是个矫正器，把你的错误都订正。

自律是一把梯子。这把梯子会助你一臂之力，让你时时克制自己，以最好的状态投入学习活动。攀着它，离那个闪闪发亮的梦想更近一步。

自律对于学生，更多的是一种抓紧时间的状态。歌德说："在今天和明天之间，有一段很长的时期；趁你还有精神的时候，学习迅速地办事。"每一分，每一秒，都十分宝贵，只有珍惜利用，将来才能等换成可喜的结果。所以自律就是那阵让理想之船驶向彼岸的风。也许有人认为，自律是那些身负重任的名人、伟人才应该有的，其实不然，我们每个人都应该学会自律，特别是我们正处在成长的关键时期，更应在一点一滴的小事中做到自律。

就在我们身边，有许许多多的自律榜样：在上课时认真听讲，积极思考的同学；在自习时不打扰别人的同学；在写作业时专心致志的同学；中午就餐自觉排队的同学；参加各项活动遵守纪律的同学等等，这些无一不是自律的表现。

想抓紧时间，插队刷卡的时候，把念头消除；想在安静的自修课上讲话时，把欲望抑制；想抄袭同学作业时，把作业归还；在发现自己犯了错时，主动承认并改正；当老师任务布置时，一丝不苟地去完成……如果发现自己能不用提醒地做好这一切，那么你已经学会做到自律，你有足够的能力来控制自己，离成功也就近了一步。认真做好一点一滴，自我约束的能力就能一点一点提高。

同学们，在你们的成长过程中会受到种种诱惑，考验你们自律的能力，希望你们多与师长沟通、多了解和思考社会上存在的各种价值观，在服从"他律"的基础上，逐渐培养"自律"的精神。就让我们从现在做起，管住我们的口，不随地吐痰；管住我们的手，不乱扔垃圾；管住我们的脚，不践踏绿化，做到严格自律。正如哲人丁尼金说的：唯有自律，能把自己引导向最光明的王国！

纪律和规则是我们平时工作、学习和生活中不可缺少的。德拉克罗瓦说："一个人一旦明白事理，首先就要做到诚实而有节制。"很多事实都能说明这个道理，比如买票要排队；走在马路上要遵守交通规则；甚至我们平时的一举一动都受到一定的要求和约束，否则任何事情都毫无秩序可言。而我们作为在校的学生，处在向迈进社会过渡的时期，更是有数不清的纪律和规则来要求我们，告诉我们该怎么做不该怎么做。

但是，如果我们总在一种被要求的环境下学习和生活是很难进步的，所以我们应该学会自己约束自己，自己要求自己，变被动为主动，自觉地遵守中学生日常行为规范，拿它来约束自己的一言一行。毕达哥拉斯说：不能约束自己的人不能称他为自由的人。

学校成立自律委员会，就是为了能督促和鼓励我们自觉自律。它并不是一个要一批同学来管理其他同学的组织，而是一个促使大家互相监督，做好自律的一个新的学生团体，只为让我们的学习生活保持良好的秩序。作为自律委员会的一员，我相信每位成员都和我一样，希望自己能够在自律这方面给大家帮助，为大家服务。

莎士比亚说："品行是一个人的内在，名誉是一个人的外貌。"要自律，当然要有具体的要求。在配合现在正在实行的素质教育方面，我们要提高自身素质，树立自尊、自爱、自强的自律意识，对学校、班级和个人都要有强烈的责任感，并且能够正确处理日常学习生活中的人际关系和矛盾冲突。在学习方面，我们一要独立，独立思考、独立解题、独立完成作业；二要自觉，自觉做好自己该做的事情，包括做好预习复习工作、上课专心听讲和按时完成作业。在行为上，我们应该以中学生日常行为守则来规范自己的言行举止，做到文明礼貌、爱护公物。在外表上，我们应该以简单大方、干净整洁的衣着表现出学生朴素的本质。

我想，如果每一位同学都能够加入到自律者这个行列中来，就会发现身边的事物、环境都会大大的不同。自律并不仅对我们现在的学习有益，几年后，当我们陆续结束自己的学校学习生活、走上社会的时候，会发现它对于我们今后在社会上的工作和生活也有很大的影响，因为当我们还是学生时，犯了错误我们还有再来一次、从头开始的机会，可是在社会上我们必须为自己的每一次失误或者错误负责，承担后果，这使得自律的作用更加明显。因此，让我们互相监督，做到自觉自律，为目前的学习创造更好的环境，也为在今后的工作和生活中养成良好的习惯打下基础。

第一，制订出你做事的优先顺序，然后按这个顺序去做。

马卡连柯说："任何一种不为集体利益打算的行为，都是自杀的行为，它对社会有害，也对自己有害。"黑格尔也说："个人勇敢是没有意义的，重要的是个人从属于全体。"如果一个人只看自己的心情和一时的方便行事，肯定不会成功的。有一句话说得好："完成重要任务有两项不可缺少的伙伴：一是计划，二是不太够用的时间。"每个人的时间相当紧凑，所以免不了要做计划。如果你能够订出何者最为重要，刻意从其他的事情中抽身出来，这会让你有足够的精力去完成首要的任务。这正是自律的基本精神所在。

第二，把自律的生活方式当成目标。

自律不能只是偶尔为之，它必须成为你的生活方式。培养自律最佳的方式是为自己制定系统及常规，特别是在你视为重要的需要长期的成长及追求成功的指标项目上。

如果想培养自律的生活方式，首要的功课之一就是破除找借口的倾向。正如法国古典文学作家佛朗哥所说："我们所犯的过错，几乎都比用来掩饰的方法，更值得原谅。"如果你有几个令你无法自律的理由，那么，你要认清它们只不过是一堆借口罢了。如果你想成功，就必须向你的借口提出挑战。

第四，工作完成之前，先把奖励挪开。

著名作家麦克·狄朗尼说过这么一句智慧的隽语："任何一个企业或机构，如果给予怠惰者和贡献者同等待遇，那么，你将会发现前者越来越多，后者越来越少。"如果你缺乏自律，那么你可能就是把甜点放在正餐之前享用的那种人。

以下的小故事说明了暂停奖励的威力。一对老夫妇来到露营区扎营。两天之后，有一家人也到达隔壁的营地。当这家人的度假车一停稳妥当，就看见这对夫妇和三个孩子一拥而下，一个孩子迅速地搬下冰柜、背包和其他用品，另外两个孩子立即把帐篷支开，前后不到 15 分钟，整个营盘便布置就绪。

隔壁的老夫妇看得目瞪口呆。"你们这家人真是少见的露营高手呀！"老先生充满赞佩地对新邻居称赞道。"其实做事情只要有系统就好办多了，"隔壁的年轻爸爸回答，"我们事先规定，在营地架设完成之前，没有一个人可以去洗手间。"

第五，把目光注视在结果上。

无论任何时候，只要你把注意力放到工作的难度本身上，而不考虑结果和奖赏，就很容易灰心丧气；如果沉浸于其中太久，就会养成自怜的毛病。因此，下次当你再面对一件不得不做的任务，心中开始企图抄捷径而不按规矩踏踏实实去完成时，切记：要打消自己这样的盘算，把目光转回到目标上。认真权衡按部就班的好处，花工夫彻底做好它。

任何一个企业或机构，如果给予怠惰者和贡献者同等待遇，那么，你将会发现前者越来越多，后者越来越少。

5 个自律小故事

1. 白玉霜是著名评剧演员，演技很高，被人称做"评剧皇后"。她为了做到自知、自律，不论三伏酷暑，还是三九严冬，一有时间就去练功，练嗓子。有人对她说："你已成名了，干嘛还这么苦练？"她笑笑说："戏是无止境的。"并且她能虚心听取别人的意见，不管什么人，只要给她指出缺点，她都非常高兴。

2. 吴晗在清华大学时，想买一部《明史纪事本末》，因没有钱，就赶写了一篇《清明上河图与金瓶梅的故事》换取了10元稿酬，买了这部书。但他对自己写的这篇文章不太满意，在与老师的信中说："在暑假中仓促草成，本不想发表，因想买一部《明史纪事本末》一时凑不齐钱，所以只能送与本校周刊，拿到了10块钱，大概可买一部了。"这件事吴晗深引以为疚，第二年为这篇章写了一个补记，进一步为这篇文章匡正与补缺，使自己的观点趋于完善。

3. 张伯苓长期任南开大学校长。他看见一个学生手指被熏得焦黄，便指着他说："你看，把手指熏得那么黄，吸烟对青年人身体有害，你应该戒掉它！"但这位学生反唇相讥："你不也吸烟吗？怎么说我呢？"当下张伯苓将自己所存吕宋烟全数拿出来，当众销毁，并表示再不吸烟。从此以后，张伯苓再没吸过烟。

4. 詹姆斯兰费蒂斯是美国的一位著名的建筑师。11岁的詹姆斯和他的家人住在湖心的一个小岛上。这里，房前的船坞是个钓鱼的好地方，父亲是个钓鱼高手，小詹姆斯从不愿放过任何一次跟父亲一起钓鱼的机会。

那一天正是钓翻车鱼的好时机，而从第二天凌晨起就可以钓鲈鱼了。傍晚，詹姆斯和爸爸在鱼钩上挂上蠕虫——翻车鱼最喜欢的美食。詹姆斯熟练地将鱼钩甩向落日映照下的平静湖面。

月亮渐渐地爬出来，银色的水面不断地泛起静静的波纹……突然，詹姆斯的鱼竿猛地被拉弯了，他马上意识到那是个大家伙。他吸了一口气使自己镇静下来，开始慢慢地遛那个大家伙。父亲一声不响，只是时不时地扭过脸来看一眼儿子，眼光里是欣赏和赞许。

两个小时过去了，大家伙终于被詹姆斯遛得筋疲力尽了，詹姆斯开始慢慢地收钩。那个大家伙一点点的露出水面。詹姆斯的眼珠都瞪圆了：我的天哪，足有 10 公斤！这是他见到过的最大的鱼。詹姆斯尽力压抑住紧张和激动的心情，仔细地观看自己的战利品，他发现，这不是翻车鱼，而是一条大鲈鱼！

父子俩对视了一下，又低头看着这条大鱼。在暗绿色的草地上，大鱼用力地翻动着闪闪发亮的身体，鱼鳃不停地上下扇动。父亲划着一根火柴照了一下手表，是晚上 10 点钟，离允许钓鲈鱼的时间还差两小时！

父亲看了看大鱼，又看了看儿子，说："孩子，你得把它放回水里去。"

"爸爸！"詹姆斯大叫起来。

"你还会钓到别的鱼的。"

"可哪儿能钓到这么大的鱼呀！"儿子大声抗议。

詹姆斯向四周望去，月光下，没有一个垂钓者，也没有一条船，当然也就没有一个人会知道这件事。他又一次回头看着父亲。

父亲再没有说话。詹姆斯知道没有商量的余地了，他使劲地闭上眼睛，脑中一片空白。他深深地吸了一口气，睁开了眼睛，弯下腰，小心翼翼地把鱼钩从那大鱼的嘴上摘下来，双手捧起这条沉甸甸的、还在不停扭动着的大鱼，吃力地把它放入水中。

那条大鱼的身体在水中嗖地一摆就消失了。詹姆斯的心中十分悲哀。

后来，詹姆斯成了纽约市一个成功的建筑设计师。他父亲的小屋还在那湖心小岛上。詹姆斯时常带着他的儿女们去那里钓鱼。

詹姆斯确实再也没有钓到过那么大的鱼，但是那条大鱼却经常会出现在他的眼前——当遇到道德的问题时，这条大鱼就会出现在他的眼前。

正像他的父亲教诲他的那样，道德问题虽然只是一个简单的正确或错误的问题，但是实施起来却有一定的难度，特别是当你面对着很大的诱惑的时候。如果没有人看见你行为的时候，你能坚持正确吗？在时间紧急的情况上，你会不会闯红灯或是逆行？在没有任何人知道的情况下，你是否会把不属于自己的东西据为己有？

这件事在詹姆斯的记忆中永远是那样清晰，他为自己的父亲而骄傲，也为自己骄傲，他还可以骄傲地把这件事告诉他的朋友们和他的子孙后代。

德国诗人歌德，他曾经告诫人们：不论做任何事情，自律都至关重要。自我节制，自我约束，是一种控制能力，尤其控制人们的性格和欲望，一旦失控，变得随心所欲，结局必将一败涂地，不可收拾。中国近代哲学在对人性进行探讨时，曾用"趋利避害"这四个字来概括人的本性。追求利益和逃避苦难出自人的本能，是天性，关键看你后天如何驾驭。从伦理学的角度来说，一切法律条文、道德规范都是"他律"，是追求文明的"下下策"。只有出自每个人内心的、主动的"自律"，才是建设精神文明的根本途径。

所谓自律，就是针对自身的情况，以一定的标准和行为规范指导自己的言行，严格要求自己和约束自己。

一个自律的人应该经常检查自己，对自己的言行进行自省，纠正错误，改正缺点，这是严于律己的表现，是不断进取的重要方法和途径。有错误和缺点不怕，可怕的是无视它，不去改正它。

一个自律的人，应该是一个懂得自爱，勇于自省，善于自控的人。自律，它能使人明于自知，使人养成良好的行为习惯，使人学会战胜自我，使人身心健康，使人高尚起来，建立良好的人际关系，同时它是一个修养的起点和基本要求，也是一个人行动自由所必须的条件。一个人能够自律，说明他修养已达到了一定的境界。

自律是一种信仰，自律是一种素质，自律是一种觉悟，自律是一种自爱，自律是一种自省，自律是一种自警。卡皮耶夫说："思想和格言可以美化灵魂，正如鲜花可以美化房间一样"。所以，要想做一名有益于社会的人，就要针对自己的实际，选择相关的名言、警句、格言，作为自己的座右铭，用以勉励自己，提醒自己，警示自己。

人世间，最顽强的"敌人"是自己；最难战胜的也是自己。作为一名党员、干部，一名人民公仆，一名人民的勤务员，不论你有多高的职务，负多大的责任，你的言行举止，都必须对人民负责，对群众和党纪国法要心怀敬畏。在政治上、思想上、作风上、工作上必须坚持正义，严格自律。把党的政策看成是生命线，把国家法律看成是高压线，把组织纪律看成是警戒线。要经常以生命线自持，以高压线自危，以警戒线自律。"一屋不扫，何以扫天下？"做人不能自律，如何能服众？

5. 许衡是我国古代杰出的"思想家、教育家和天文历法学家。一年夏天，许衡与很多人一起逃难。在经过河阳时，由于长途跋涉，加之天气炎热，所有人都感到饥渴难耐。

这时，有人突然发现道路附近刚好有一棵大大的梨树，梨树上结满了清甜的梨子。于是，大家都你争我抢地爬上树去摘梨来吃，只有许衡一人，端正坐于树下不为所动。

众人觉得奇怪，有人便问许衡："你为何不去摘个梨来解解渴呢？"许衡回答说："不是自己的梨，岂能乱摘！"问的人不禁笑了，说："现在时局如此之乱，大家都各自逃难，眼前的这棵梨树的主人早就不在这里了，主人不在，你又何必介意？"

许衡说："梨树失去了主人，难道我的心也没有主人吗？"许衡始终没有摘梨。

混乱的局势中，平日约束、规范众人行为的制度在饥渴面前失去了效用。许衡因心中有"主"则能无动于衷。在许衡心目中的这个"主"就是自律。有了自律，才能在没有纪律约束的情况下亦能牢牢把握住自己。

（二）责任——敢于承担，绝不逃避

什么是责任？责任是分内应做的无法逃避的事情，也就是承担应当承担的任务，完成应当完成的使命，做好应当做好的工作。

责任有丰富的内涵，可以从不同层次、不同形式来区分，可以从不同领域、不同角度去认识。

责任无处不在，存在于生命的每一个岗位。父母养儿育女，儿女孝敬父母，老师教书育人，学生尊师好学，医生救死扶伤，军人保家卫国。人在社会中生存，就必然要对自己、对家庭、对集体、对祖国承担并履行一定的责任。

责任有不同的范畴，如家庭责任、职业责任、社会责任、领导责任，等等。这些不同范畴的责任，有普遍性的要求，也有特殊性的要求。责任只有轻重之分，而无有无之别。

责任是一种客观需要，也是一种主观追求；是自律，也是他律。一切追求文明和进步的人们，应该基于自己的良知、信念、觉悟，自觉自愿地履行责任，为国家、为社会、为他人做出自己的奉献。无论是道德责任，还是法定责任，都不以个人意志为转移。不履行道德责任，会受到道德的谴责和良心的拷问；不履行法定责任，会受到法律的追究和制度的惩处。

责任和权利是对应的统一的。没有无责任的权利，也没有无权利的责任。一个人的权利，往往是他人的责任；一个人的责任，往往是他人的权利。享受一定的权利，必须尽到相应的责任；尽到一定的责任，才能享有相应的权利。

几年前，美国著名心理学博士艾尔森对世界 100 名各个领域中杰出人士做了问卷调查，结果让他十分惊讶———其中 61 名杰出人士承认，他们所从事的职业，并不是他们内心最喜欢做的，至少不是他们心目中最理想的。

这些杰出人士竟然在自己并非喜欢的领域里取得了那样辉煌的业绩，除了聪颖和勤奋之外，究竟凭借的是什么？

带着这样的疑问，艾尔森博士又走访了多位商界英才。其中纽约证券公司的金领丽人苏珊的经历，为他寻找满意的答案提供了有益的启示。

　　苏珊出身于中国台北的一个音乐世家。她从小就受到了很好的音乐启蒙教育，非常喜欢音乐，期望自己的一生能够驰骋在音乐的广阔天地，但她阴差阳错地考进了大学的工商管理系。一向认真的她，尽管不喜欢这一专业，可还是学得格外刻苦，每学期各科成绩均是优异。毕业时被保送到美国麻省理工学院，攻读当时许多学生可望而不可及的 MBA，后来，她又以优异的成绩拿到了经济管理专业的博士学位。

　　如今她已是美国证券业界风云人物。在被调查时依然心存遗憾地说："老实说，至今为止，我仍不喜欢自己所从事的工作。如果能够让我重新选择，我会毫不犹豫地选择音乐。但我知道那只能是一个美好的'假如'了，我只能把手头的工作做好……"

　　艾尔森博士直截了当地问她："既然你不喜欢你的专业，为何你学得那么棒？既然不喜欢眼下的工作，为何你又做得那么无与伦比？"

　　苏珊的眼里闪着自信，十分明确地回答："因为我在那个位置上，那里有我应尽的职责，我必须认真对待。""不管喜欢不喜欢，那都是我自己必须面对的，都没有理由草草应付，都必须尽心尽力，尽职尽责，那不仅是对工作负责，也是对自己负责。有责任感可以创造奇迹。"

　　艾尔森在以后的走访中，许多的成功人士之所以能出类拔萃的反思，与苏珊的思考大致相同———因为种种原因，我们常常被安排到自己并不十分喜欢的领域，从事了并不十分理想的工作，一时又无法更改。这时，任何的抱怨、消极、懈怠，都是不足取的。唯有把那份工作当作一种不可推卸的责任担在肩头，全身心地投入其中，才是正确与明智的选择。正是这种"在其位，谋其政，尽其责，成其事"的高度责任感的驱使下，他们才赢得了令人瞩目的成功。

从艾尔森博士的调查结论，使人想到了我国的著名词作家乔羽。最近，他在中央电视台艺术人生节目里坦言，自己年轻时最喜欢做的工作不是文学，也不是写歌词，而是研究哲学或经济学。他甚至开玩笑地说，自己很可能成为科学院的一名院士。不用多说，他在并非最喜欢和最理想的工作岗位上兢兢业业，为人民做出了家喻户晓、人人皆知的贡献。

"热爱是最好的教师"。"做自己想做的事"。这些话已经耳熟能详，但是，"责任感可以创造奇迹"，却容易被人忽视。对许多杰出人士的调查说明，只要有高度的责任感，即使在自己并非最喜欢和最理想的工作岗位上，也可以创造出非凡的奇迹。

福克斯父亲拆亭子

查尔斯·詹姆斯·福克斯是英国著名政治家。他以"言而有信"获得了政界较高的赞誉。

当福克斯还是一个孩子时，有一次，福克斯父亲打算把花园里的小亭子拆掉，再另行建造一座大一点的亭子。小福克斯对拆亭子这件事情非常好奇，想亲眼看看工人们是怎样将亭子拆掉的，他要求父亲拆亭子的时候一定要叫他。小福克斯刚巧要离家几天，他再三央求父亲等他回来后再拆亭子，福克斯父亲敷衍地说了一句："好吧！等你回来再拆亭子。"

过了几天，等小福克斯回到家中，却发现旧亭子早已被拆掉了，小福克斯心里很难过。吃早饭的时候，小福克斯小声地对父亲说："你说话不算数！"父亲听了觉得很奇怪，说："不算数？什么不算数？"原来父亲早已把自己几天前说过的话忘得一干二净。老福克斯听到儿子的话后，前思后想，决定向儿子认错。他认真地对小福克斯说："爸爸错了！我应该对自己说过的话负责！"于是，老福克斯再次找来工人，让工人们在旧亭子的位置上，重新盖起一座和旧亭子一模一样的亭子，然后当着小福克斯的面，把"旧亭子"拆掉，让小福克斯看看工人们是怎样拆亭子的。

后来，老福克斯总是说："言而有信，对自己的言语负责，这一点比万贯家财来得更为珍贵！"

一朵悲哀的花

海拉蒂今年四岁半了，在萨尔马多城上幼儿园，最近她在学习有关植物方面的知识。海拉蒂迷上了植物，她觉得那些花草实在是太美了，便苦苦地哀求爸爸给她买一盆鲜花。

爸爸同意了海拉蒂的请求，趁周末带着海拉蒂到花卉市场买了一盆小花。父亲希望海拉蒂看到小花生长的整个过程，并且能够自己照顾它。于是，父亲和海拉蒂约定，由海拉蒂负责照顾鲜花，给它浇水和施肥。最初几天，海拉蒂非常兴奋，每天耐心地给小花浇水，还根据日照的情况，不断给花盆挪动位置，并拿出本子，歪歪扭扭地在上面画出花卉生长的情况。

海拉蒂的父亲看到小海拉蒂这么有责任心，十分满意。可是，没过多久，海拉蒂的父亲发现小海拉蒂给花浇水的次数越来越少了，甚至好多天都不给小花浇水，也不做记录，似乎她已把养花的事给忘了。结果，小花慢慢枯萎了，叶子也开始泛黄，生长的速度减慢了，再过几天，盆花快死了。

吃过晚饭，海拉蒂父亲把海拉蒂叫到阳台，说："你给花浇水了吗？"海拉蒂低着头说："没有。""为什么没有？""我……""我们在买这盆花的时候，是怎么说的？由谁负责给这盆花浇水？"海拉蒂沉默不语。"你看，这盆花多么地伤心、悲哀！她失去了美丽的叶子变得枯黄，而这都是因为你。"以后的日子里，海拉蒂每天坚持给花浇水，小花不久又恢复了以往漂亮的颜色。

学会对自己的行为负责

格里没有等到晚上放学，就哭着回到了家。送他回来的是学校里的一个叔叔。格里的母亲萨利特斯问学校里的叔叔，这到底是怎么一回事？叔叔说，放学前小朋友们排队，可格里根本就不好好站，总是窜来窜去的，结果不知怎么，就和一个同学起了冲突。老师批评了格里几句，他就开始哇哇地哭个不停，还跟老师嚷嚷："我没错！我没有打他！"母亲萨利特斯向叔叔道了谢，然后拉着格里进了门。"怎么回事？"萨利特斯看着两眼红红的格里问道。"我不小心和马克撞了一下，结果马克就使劲儿地推我，我踢了他一脚，马克哭了，老师就说我了，"格里脸上挂着两行泪珠，补充说道，"是他先推我的！"听到这里，母亲萨利特斯基本上把事情的来龙去脉搞清楚了，她语气平和地问格里："难道你一点责任都没有吗？""没有！不是我的错！是马克先推我的！""好，现在我问你，如果你好好按照老师的要求排队，不乱跑，你能不小心撞到别人吗？你没有撞到马克，马克会推你吗？"格里默不作声了。"现在你再仔细想想，你一点责任都没有吗？，你是男子汉，记住，不要把什么责任都推到别人的身上！遇事仔细想一想，为什么别人会这样对你，你是不是做了什么不对的事情？"最后萨利特斯对儿子格里说了一句话，"你得学会对自己的行为负责！"格里用力地点了点头。

（三）宽容——为人格魅力挣分

宽容，是一束照射在冬日里的阳光，使误解的冰块融化；宽容，是一座亮丽在黑夜中的灯塔，使迷途者找到航行的港湾；宽容，是一缕飘飞在大地上的清风，使犯错者顿获一股清醒剂……

宽容是长者式的，不但表现为一种胸襟，也表现为一种睿智。宽容者，人恒爱之，人恒敬之。何乐而不为？

宽容者就是拥有"将军额上能骑马，宰相肚里能撑船"的大度，让犯错的人们有着重新审视自我，反省自我的勇气和信心，使刻薄的小人感到自己的卑鄙龌龊，自惭形秽。

或许一个自由微笑，一句肺腑之言，一双善解人意的眼神足以让迷途羔羊找到方向。这样，宽容便成为人与人之间沟通、理解的桥梁，成为彼此体谅的纽带！

有人即使犯了过错，也不要冷眼相对，恶语中伤，落井下石，毕竟"过而能改，善莫大焉"。宽容他人的同时也宽容了自己，升华了自己的人格，古有廉颇"负荆请罪"于蔺相如的美谈；有"渡尽劫波兄弟在，相逢一笑泯恩仇"的绝唱，这是因为宽容是一种心灵的释放，是一种晶莹剔透的高尚。

诚然，放眼于现在，构建社会主义和谐社会，更需要宽容这个通行证。宽容是和谐社会的法宝，是和谐社会的必然要求。只要人人都懂得宽容，社会就多一份安宁，多一份欢笑，多一份和谐安定的幸福图景。矛盾存在于社会中，存在于人与人之间，但有"退一步海阔天空"便可以"化干戈为玉帛"。这样人们的生活也将更加美好，社会就会更加和谐稳定！

心胸开阔，心怀坦荡者，人敬人爱；心胸狭窄者，人人避而远之。人生在世不必为一些芝麻小事而耿耿于怀，更不必大动干戈，忍一时风平浪静，这样既不伤大雅，也减少彼此的不快！用宽容的心来看待别人的诋毁流言，时刻保持宽容的心态！你会发现生活原来是如此的惬意，自然！

宽容，是德高望重者的风范，是"高山仰止，景行行止"者的胸襟。它如清泉一般滋润你的心田，如黎明为你捧出旭日，如画笔为你描绘人生华章……

宽容——人生桥梁！

一个脚跟踩扁了紫罗兰，而它却把香味留在那脚跟上，这就是宽容。

自古以来，狭隘向来是小人的专有名词，它一直为人们所不耻。

庞涓是狭隘的，他不愿孙膑胜于他，施加毒手，最后兵败身亡；周瑜是狭隘的，他不肯诸葛亮胜于他，百般暗算，最后被诸葛亮三气吐血而死；慈禧下棋，别人吃他一马，她杀对方一家，死后为人们所辱骂……这都是有了狭隘之心的结果，告别狭隘之心，以宽容的胸襟包容他人，则取信于他人，也成就了自己。

刘秀大败王郎，攻入邯郸，检点前朝公文时发现大量讨好王郎，辱骂甚至谋划刺杀刘秀的公文。但刘秀不听众臣劝阻，全部付之一炬，他说："如果追查，必会引起人们的慌乱，甚至成为我们的死敌。如果宽容他们，则能化敌为友，壮大自己的队伍。"是刘秀的宽容才使他终成伟业，三分天下。

从古至今，没有一个心胸狭隘者能成就大事。宽容是每个人应遵循的守则。

林肯对政敌素以宽容著称，这引起了一位议员的不满。他说："你不该试图和那些人交朋友，应该消灭他们。"林肯笑着回答："当我们把他们变成自己朋友时，不正是消灭了自己的敌人吗?"这正是对宽容的最好诠释。

如果天空不宽容，容忍不了风雨雷电的一时肆虐，何来它的辽阔之美；如果大海不宽容，容忍不了惊涛骇浪的一时猖獗，何来它的深邃之美；如果森林不宽容，容忍不了弱肉强食的一时规律，何来它的原始之美；如果宇宙不宽容，容忍不了星座裂变的一时更替，何来它的神秘之美；如果时间不宽容，容忍不了各色人等的一时虚掷，何来它的延续之美……是宽容成就了它们。

泰山不辞杯土，方能成其高；江河不择细流，方能成其大。

是宽容缔造了它们。

只有告别狭隘之心，方能进入一个神清气爽的境界。

让我们告别狭隘之心，用宽容之心包容一切，学做那多留人清香的紫罗兰。

宽容别人是对别人的理解，是一种放得下的大度，是一种与人为善的观念释然。而宽容自己则是一种豁达＼冷静与理智，宽容自己并不是放纵自己

人应该学会宽容。多一些宽容就少一些心灵的隔膜；多一分宽容，就多一分理解，多一分信任，多一分友爱。

我觉得宽容就是在心里上接纳别人，理解别人的处事方法，尊重别人的处事原则。虽然要想做到宽容不是那么简单，但是我们还是应该尽自己最大的努力去实践。从生边的一点一滴做起，那样你离宽容就越来越近了，经过不断的积累，最后你就会宽容。

宽容是一种非凡的气度、宽广的胸怀，是对他人的谅解和接纳。宽容是一种高贵的品质、崇高的境界，是精神的成熟、心灵的丰盈；

宽容是一种仁爱的光芒、无上的福分，是对别人的释怀，也即是对自己善待。

宽容是一种生存的智慧、生活的艺术，是看透了社会人生以后所获得的那份从容、自信和超然。

"开口便笑，笑古笑今，凡事付之一笑；大肚能容，容天容地，于人何所不容！"这是何等的气度与胸怀！宽容的可贵不只在于对同类的认同，更在于对异类的尊重。——这也是大家风范的一个标志。宽容有三种境界，可以养鱼为喻：最初级的境界是

玻璃缸赏鱼，只让它在一定的范围存在和活动；中等境界是池塘养鱼，因地就利，因势利导，水肥鱼跃，鱼鲜水活，相互利用；最高境界则是江海生鱼，千形万类，任其自生，海阔天高，任其遨游，由此也就成就了海的博大和丰富。有多大的胸怀，就有多高的境界；有多高的境界，就能干多大的事业。

宽容是一种修养，是一种境界，是一种美德。宽容是原谅可容之言、饶恕可容之事、包涵可容之人。

宽容，当需要有够大的心胸。我想世间最大的还是弥勒佛的肚子，宽容和笑、愉快在弥勒佛的境界里是连在一起的。有了宽容的胸怀，才有容天容地、容江海的崇高和博大，才有来自心底的真挚笑容。鞍山的玉佛寺内的弥勒佛是这样的："笑古笑今，笑东笑西，笑南笑北，笑来笑去，笑自己原无知无识；观事观物，观天观地，观日观月，观来观去，观他人总有高有低。"。大千世界，日月轮回，逝事境迁，人心思变，所以，于己要多责；对他人要多欣赏。人生有了这种宽容的气度，才能安然走过四季，才能闲庭信步笑看花落花开。

宽容，首先要能容他人之言。人言有褒贬诤馋之分，褒奖之别，应多责自己的不足之处、不明之事，才不至于在褒举中跌落下来。贬抑之语，无论多么残酷、无稽，也要坦然处之。大将军韩信的"胯下之辱"无疑是对大将军驰骋天下、成就伟业的胸襟的一种锤炼。诤言更要珍惜。在当今社会，每个人的个性都有了肆意张扬的环境，难免会有不经意的膨胀。诤友诤言无异于苦口良药，着实难得，更要听得进、记得住、改得快。最害人的要是谗言，尤其是有了地位、有了有求于你的人后，易被谗言的甜蜜伤及元气。乾隆是一国之君，可以说有宽容之量，他容得和坤的媚语搔痒，却更懂得用纪晓岚的诤言来进行"中和"和"补偿"，以维持一种心理平衡。语言是人与人交往的首要工具。宽容之人要善听、善辨、善纳、善弃，兼听则明，偏听则暗。

宽容，还要能容人事。事有轻重缓急、大小荣辱之别，能否冷静处理，宠辱不惊看云卷云舒，当需要博大的胸怀。当今是竞争的世界，世事变幻莫测，人需要在容人事中找出自己的"知"与"识"，方能扬长避短，书写美好的人生之旅。所以，宽容之于事，要善于分析，设身处地理解，并能兼收并蓄，达到愉悦快乐之境。

容，最重要的是容人，它是容言、容事之根本。人，也有高低之分。学人之长，是宽容修养的基础，做起来比较容易而容人之短，尤其是容持不同观点的人的缺点，则需要较大的胆识和胸襟。所以，要用真诚的心来观察他人的长处，容纳他人的不足，善于发现、培养、发挥他人的长处，互惠互利，求同存异，共同发展。

宽容是人之博大、人之崇高、人之快慰的优良品德。"天称其为高者，以无不覆；地称其为广者，以无不载；日月称其明者，以无不照；江海称其大者，以无不容。"在这世界构建的新的文明中，愿更多的朋友，能拥有一颗宽容之心，宽厚待人，宽厚至语，宽厚做事。宽容于己不会失去什么，反而可以收获快乐，收获成功，会给人间增添多一些的欢乐和温情。

朋友，从你的一言一行开始，修一颗宽容之心吧！愿你拥有比海洋还宽阔的胸怀，拥有比日月更长久的幸福。

宰相肚里，可以撑船

李文靖公（原名李沆）当宰相时，有一位很狂的书生叩马献上书状，批评李文靖公的缺点。李文靖公谦虚地道谢："等我回家后，再详细阅览！"

书生大怒，立即责备谩骂李文靖公说："你居大位而不能康济天下，又不引咎辞职，让位给别人，妨害贤能之士的仕途，你能不感到惭愧吗？"

李文靖公马上一再恭敬地说："我屡次求请辞退，无奈皇上没有允许，所以我不敢走！"

李文靖公跟这位书生的谈话从侧面证明了他胸怀的博大。

一个人的宽容是一种美德，一的人的胸怀是表现这个人品质的体现。

你读过《将相和》这篇文章吗？你知道曹操"烧信"的故事吗？两者都体现了宽容。有人把宽容比作水、诗、火，然而，宽容更是一缕希望的阳光。人生漫长，一生中又有多少荆棘和障碍，于此，有些人选择了怨天尤人，而他们却不知应放开胸怀，适应环境，让自己的心灵能保持宁静。不是有许多人都在逆境中努力学习、刻苦钻研走向了成功吗。这些人谁没有遭受过狂风暴雨的袭击，在他们的生命的进程中有过多少的坎坷，然而，就因为他们敞开了胸怀，学会适应环境，才养成了坚韧不拔的品质，具有了坚定的意志。

宽容是一种心灵美。生活中，碰到不开心的事儿，你是选择斤斤计较，整天愁眉苦脸，还是选择心胸开阔呢？刘少奇说过：
"我们应该注意自己不用语言去伤害别的同志，但是，当别人用
语言来伤害你的时候，也应该受得起。"

古人说，将军肩上能跑马，宰相肚里能撑船。胸怀开阔不只
能够原谅"得罪"自己的人，还应该无论逆境都保持远大的理想
信念，保持为祖国为民族贡献一生的雄心壮志，并为之努力奋
斗。朱德说："我们共产党人的胸襟要广阔，气量要宏大，要求
自己要比要求别人更严格一些，有功显贵群众，有过用于担当。"

当今社会，宽宏大量不知被遗忘在哪个角落。只要人与人能
彼此宽容，心胸宽阔，就会化戾气为祥和，大事变小，小事化了。

大海因为对海浪的宽容，才包容无数生命；森林因对冰雪的
宽容，才会郁郁葱葱。

让我们多一份善意的宽容，少一份无意的伤害！

凡事往好的方面去想，不要总是记住别人的坏，想想别人对
你的好，你自然就会忘掉别人的不好，就不会耿耿于怀了啊！

放开自己思想的包袱，走出去。生活中有很多很多的事情需
要我们一笑了之，记住别人怎么样根本就对你个人不会产生任何
影响！其实真正让你不高兴的是你本人，不要把自己禁锢在一个
思想狭小的空间！要注意控制自己的情绪，尽量不要让别人不好
的情绪影响到你，尽管你有时无法忍受，告诉自己：我有我自己
的生活方式，你的言行影响不到我！

你可以试着改变自己的交际环境，尽量使自己多多地接触各
种人、各种环境，使自己去慢慢经历各种场合吧。很多东西不是
别人去告诉你的，而是你自己经历过、体会过，甚至是忍受过之

后才会积攒下经验的。

以旁观者的眼光来审视自己遇到的问题，换位思考。

别人可以办到的我们也一定可以，相信自己，确立信心。

先不要去想当什么胸怀宽广大气磅礴的人，而应先去学会做好一个普通人，也就是让自己能在大部分时间里保持快乐的心情，而你刚才说你的性格敏感脆弱，所以，你当下只要能坦然面对生活中的挫折，能接受别人的批评就很好了，不要在性格上追求完美，不然会更糟糕，因为做不到就会更感到自己能力的不足，变得自卑。

将军头上能跑马，宰相肚里能撑船！

做到心胸宽广，还有一句话要时常提醒自己："君子之自行也，敬人而不必见敬，爱人而不必见爱。敬爱人者，己也；见敬爱者，人也。君子必在己者，不必在人者也，必在己无不遇矣。"

宽容别人，就是宽容我们自己。多一点对别人的宽容，生命中就多了一点空间。有朋友的人生路上，才会有关爱和扶持，才不会有寂寞和孤独；有朋友的生活，才会少一点风雨，多一点温暖和阳光。

宽容就是忘却。人人都有痛苦，都有伤疤，动辄去揭，便添新创，旧痕新伤难愈合。忘记昨日的是非，忘记别人先前对自己的指责和谩骂。时间是良好的止痛剂。学会忘却，生活才有阳光，才有欢乐。

宽容就是不要斤斤计较，事情过了就算了。每个人都有错误，如果执著于其过去的错误，就会形成思想包袱，不信任、耿耿于怀、放不开，限制了自己的思维，也限制了对方的发展。即使是背叛，也并非不可容忍。能够承受背叛的人才是最坚强的人，也将以他坚强的心志在氛围中占据主动，以其威严更能够给人以信心、动力，因而更能够防止或减少背叛行为的发生。

宽容就是潇洒。"处处绿杨堪系马，家家有路到长安。"宽厚待人，容纳非议，乃事业成功、家庭幸福美满之道。事事斤斤计较、患得患失，活得也累。难得人世走一遭，潇洒最重要。

宽容是一种坚强，而不是软弱。宽容要以退为进、积极地防御。宽容所体现出来的退让是有目的有计划的，主动权掌握在自己的手中。无奈和迫不得已不能算宽容。宽容的最高境界是对众生的怜悯。

宽容就是在别人和自己意见不一致时也不要勉强。从心理学角度说，任何的想法都有其来由。任何的动机都有一定的诱因。了解对方想法的根源，找到他们意见提出的基础，就能够设身处地，提出的方案也更能够契合对方的心理而得到接受。消除阻碍和对抗是提高效率的好方法。任何人都有自己对人生的看法和体会，我们要尊重他们的知识和体验，积极吸取其中的精华，做好扬弃。

宽容就是忍耐。同伴的批评、朋友的误解，过多的争辩和"反击"实不足取，惟有冷静、忍耐、谅解最重要。相信这句名言："宽容是在荆棘丛中长出来的谷粒。"能退一步，天地自然宽。

宽容也需要技巧。给一次机会并不是纵容，不是免除对方应该承担的责任。任何人都需要为自己的行为负责；任何人都要承担各种各样的后果。不然，对方会一而再、再而三地犯错，显示出软弱。

（四） 谦虚——人生不可"傲"

"人不可有傲气，但不可无傲骨。"艺术大师徐悲鸿的这句话道出了一个深刻的人生哲理。傲骨：是不动声色、虚怀若谷的自然流露，很难让人看得见，摸得着，是"人不可貌相，海水不可斗量"的真实写照；傲气：是哗众取宠、盛气凌人的表演，举手投足，惟妙惟肖，是"不可一世，趾高气扬"的最好注释。有傲骨的人，只会使人感到亲近，感到和蔼，感到一种力量和尊严；有傲气的人，却会使人疏远，难以接受。或敬而远之，或躲而避之，使人感到压抑和难堪。傲骨是一种气质，一种风度，一种人格，一种素养，一种知识和道德综合后的存在，是人性中很高档次的境界；傲气是一种浅薄，一种庸俗，一种偏狭，一种土财主式的夜郎自大的心态，一种歪门邪道和一知半解结合后的反映，是人性中很低级别的台阶。傲骨是登高远望，天宽地广的襟怀，是能包容一切又能雅俗共赏，不负清高而又能从善如流的大家风范；傲气是井底之蛙的仰望，是"天地就那么大"的肚量，是只有自我，难容他人的故作高深，附庸风雅，却终于雅不起来的小家子气。有傲骨者从不贬低他人来抬高自己，只不过是以自己的高风亮节而自成气候，以自己的谨言慎行而"任凭风浪起，稳坐钓鱼台"；有傲气者从不客观地看待别人，只不过目空一切中不可能损人，但却不一定能够利己，一切于品头论足和指手划脚中而自以为高人半截，鹤立鸡群。傲骨是一种任重而道远的追求，也许一个人终其一生才能获其真谛；傲气是一种顺手牵羊，摘花带叶地以身相许，一个人往往深陷其中不但不知自拔还不亦乐乎。傲骨终生保护你的正直，善良和自信；傲气随时损害你的形象，声誉和身心。

虚心使人进步，骄傲使人落后，我们应当永远记住这个真理。

——毛泽东

骄傲自满是我们的一座可怕的陷阱；而且，这个陷阱是我们自己亲手挖掘的。

——老舍

曾见过一名外企女新人，因为做事效率不佳，被主管劈头盖脸一顿臭训之后，午饭时间坐在格子间哭泣，眼泪流得满脸都是。同事来来往往，只是漠然或同情地扫她一眼，没有人停下来拍拍她的肩膀，邀她共进午餐。

为什么？因为她违反了职场基本天条——不要在工作场所流露个人情绪，不要让个人情绪左右你的工作。

职场的节奏越来越快，越来越残酷。一个职场新人的成长期，过去可能是一年，现在也许只有三个月。三个月不长不短，如果你没有迅速成长起来，很可能面临扫地出门的命运——外面还有无数的大学毕业生排着长队，觊觎你的位子呢！

以前的新人，刚进单位时总会谦卑地说："我是新人，请大家多多关照。"可现在，如果你再抱着这句"露怯"的话入门，很可能会被踢回家。不是说谦虚不好，关键是，别对所有人说"我是新人"——新人的同义词就是啥都不懂，遭到职场"老油条"的趁机欺负也就不足为奇了。

一位新入职的公关经理，初次给自己接手的客户打电话："您好，我新加入这家公司，正在努力熟悉客户情况，在以后的合作中，还请您多多关照。"

结果可想而知，他从一开始就没有获得客户的信任，以后的合作也一直坎坎坷坷，因为客户从潜意识里认定他是刚入行的新人，合作中自然表现出居高临下的姿态。这时他郁闷、后悔都来不及了，只怪当时自报家门时底气不足，让人家抓了小辫子。

人在江湖漂，名头很重要。如果你是新人，在直属主管和同事面前自谦一下就好，对于合作伙伴、客户和其他部门的同事，千万别说"请多多关照"。你不做好事情，人家凭什么关照你？在竞争者林立的职场中，乐于手把手教你学走路者越来越少，想存活就得尽快"新人"变"老人"。

京剧大师梅兰芳，他不仅在京剧艺术上有很深的造诣，而且还是丹青妙手。他拜齐白石为师，虚心求教，总是执弟子之礼，经常为白石老人磨墨铺纸，全不因为自己是赫赫有名的演员而自傲。

有一次齐白石和梅兰芳同到一家人家做客。白石老人先到，他布衣布鞋，其他宾朋皆社会名流或西装革履或长袍马褂，齐白石显得有些寒酸，不引人注意。不久，梅兰芳到，主人高兴相迎，其余宾客也都蜂拥而上，一一同他握手。可梅兰芳知道齐白石也来赴宴，便四下环顾，寻找老师。忽然，他看到了冷落在一旁的白石老人，他就让开别人一只只伸过来的手，挤出人群向齐白石恭恭敬敬地叫了一声"老师"，向他致意问安。在座的人见状很惊讶，齐白石深受感动。几天后特向梅兰芳馈赠《雪中送炭图》并题诗道：

记得前朝享太平，布衣尊贵动公卿。

如今沦落长安市，幸有梅郎识姓名。

梅兰芳不仅拜画家为师，他也拜普通人为师。他有一次在演出京剧《杀惜》时，在众多喝彩叫好声中，他听到有个老年观众说"不好"。梅兰芳来不及卸装更衣就用专车把这位老人接到家中。恭恭敬敬地对老人说："说我不好的人，是我的老师。先生说我不好，必有高见，定请赐教，学生决心亡羊补牢。"老人指出："阎惜姣上楼和下楼的台步，按梨园规定，应是上七下八，博士为何八上八下？"梅兰芳恍然大悟，连声称谢。

以后梅兰芳经常请这位老先生观看他演戏，请他指正，称他"老师"。

为人谦虚是一个人素质修养的重要体现，为人谦逊才能够为你在社会中赢得更多朋友的青睐。

（五）学识——腹有诗书气自华

名人名言话学识：

学习是劳动，是充满思想的劳动。

——乌申斯基

游手好闲的学习并不比学习游手好闲好。

——约·贝勒斯

有教养的头脑的第一个标志就是善于提问。

——普列汉诺夫

静以修身，俭以养德。

——诸葛亮

人生天地之间，若白驹之过隙，忽然而已。

——庄子

人生太短，要干的事情太多，我要争分夺秒。

爱迪生

把学问过于用作装饰是虚假；完全依学问上的规则而断事是书生的怪癖。

——培根

聪明的人有长的耳朵和短的舌头。

——弗莱格

重复是学习之母。

——狄慈根

当你还不能对自己说今天学到了什么东西时，你就不要去睡觉。

——利希顿堡

好问的人，只做了五分种的愚人；耻于发问的人，终身为愚人。

求学的三个条件是：多观察、多吃苦、多研究。

——加菲劳

人天天都学到一点东西，而往往所学到的是发现昨日学到的是错的。

——笛卡儿

我的努力求学没有得到别的好处，只不过是愈来愈发觉自己的无知。

——笛卡儿

学到很多东西的诀窍，就是一下子不要学很多。

——洛克

学问是异常珍贵的东西，从任何源泉吸收都不可耻。

——阿卜·日·法拉兹

晋代有个叫车胤的读书人，从小特别喜欢读书。可是他家庭条件太差了，连吃饭都很成问题，哪里还有什么条件去供他读书呢？为了维持温饱，他和匡衡一样，虽然年纪小，可是在白天也得出去做工，忙得团团转，挣钱补贴家用，根本没有机会找个空子读书。为此，他只能利用晚上的时间背诵诗文，可问题是家里哪里有多余的钱买灯油供他晚上读书啊？车胤每次都乘着天将黑时那点亮光，拼命地读一会儿书，因为等天完全黑下来可就什么也看不到了。夏天的一个晚上，他正在院子里背一篇文章，他背着背着，想起读这篇文章时还有一些地方不太明白，就想再读读其他文章比较一下，于是就一咕噜从地上起来，掀开书一看，天啊！什么都看不清楚！他沮丧极了，低着脑袋坐下来了，忽然间，他发现头顶有些亮光，他惊喜地抬起头，看见许多萤火虫在低空中飞舞，一闪一闪的光点，在黑暗的夜空中显得那么耀眼。他想，如果把许多萤火虫集中在一起，不就成为一盏灯了吗？于是，他高兴地跑回屋去，让妈妈给他用白色的绢缝了一只口袋。

口袋缝好了，他马上就拿着袋子跑掉了。妈妈喊着问他："这么晚了，你要干什么去啊？"车胤顾不上回答，一眨眼的工夫就跑得无影无踪了。原来他是跑到树林里，干什么？捉萤火虫啊！他妈妈不放心，叫他爸爸跟过来看看儿子在干什么，爸爸看见他捉萤火虫，还往袋子里装，就问他说："儿啊，你捉那么多萤火虫干什么呀？"他边捉边说："我要让萤火虫帮我照明哩！"父亲听了他的话，觉得有点儿道理，就过来一起帮他捉。过了一会儿，口袋里已放进了几十只萤火虫，白色的口袋发出微弱的光芒，他把袋口扎住，找到一个树枝吊起来。虽然不怎么明亮，但也可勉强用来看书了。从此，只要有萤火虫，他就去捉一些来当做灯用。就这样，车胤借助这天然的"灯光"，读了好多好多的书，由于他聪明好学，后来终于取得了成功。

晋代还有个叫孙康的读书人，家里情况也是如此。由于没钱买灯油，晚上不能看书，只能早早睡觉。可是他觉得这样让时间白白跑掉，实在是太可惜了。

冬天的一个夜晚，他从睡梦中醒来，发现屋里比平时亮了许多，顺着光线的方向，他把头转向窗户，发现光线原来是从窗外溜进来的。他到这里，他白天劳动的疲倦顿时全都消失了。他立即穿好衣服，取出书籍，来到屋外。果然，宽阔的大地上映出的雪光，比屋里可要亮多了。孙康立即打开书，果然字迹清晰可见。他不顾寒冷，认认真真地看起书来。也不知过了多久，他的手脚冻僵了，就搓搓手指，跑一跑步，然后又专心致志地读书。就这样，一个寒冷的冬夜就过去了。虽然雪地里很冷，可是能借助雪地的光亮读书却让孙康兴奋得不得了，心里像点了个暖融融的小火炉。此后，每逢有雪的晚上，他就不放过这个好机会，孜孜不倦地读书，这使得他的学识突飞猛进，成为学富五车之士。

有一个博士分到一家研究所，成为学历最高的一个人。有一天他到单位后面的小池塘去钓鱼，正好正副所长在他的一左一右，也在钓鱼。他只是微微点了点头，这两个本科生，有啥好聊的呢？不一会儿，正所长放下钓竿，伸伸懒腰，蹭蹭蹭从水面上如飞地走到对面上厕所。博士眼睛睁得都快掉下来了。水上飘？不会吧？这可是一个池塘啊。正所长上完厕所回来的时候，同样也是蹭蹭蹭地从水上飘回来了。怎么回事？博士生又不好去问，自己是博士生哪！过一阵，副所长也站起来，走几步，蹭蹭蹭地飘过水面上厕所。这下子博士更是差点昏倒：不会吧，到了一个江湖高手集中的地方？博士生也内急了。这个池塘两边有围墙，要到对面厕所非得绕十分钟的路，而回单位上又太远，怎么办？博士生也不愿意去问两位所长，憋了半天后，也起身往水里跨：我就不信本科生能过的水面，我博士生不能过。只听咚的一声，博士生栽到了水里。两位所长将他拉了出来，问他为什么要下水，他问："为什么你们可以走过去呢？"两所长相视一笑："这池塘里有两排木桩子，由于这两天下雨涨水正好在水面下。我们都知道这木桩的位置，所以可以踩着桩子过去。你怎么不问一声呢？"学历代表过去，只有学力才能代表将来。尊重经验的人，才能少走弯路。一个优秀的团队，也应该是学习型的团队。

在东风—3号发动机地面试车过程中，不断发生故障。今天试车，这个地方出问题，科技人员经过努力解决了；下次试车，另一个地方又出问题；再下次试车，又有新的问题发生。出现的问题一个一个被解决，新的问题又不断发生。在这种情况下，钱学森来到试车台，他在细心观察故障情况并听取汇报以后，思之良久，最后提出，我们不能总是让故障牵着走，大家是不是回过头来想想有什么根本问题在影响着发动机的燃烧稳定性？是不是应该考虑高频振荡问题？他的话启发了在场的科技人员。在考虑了高频振荡所产生的影响以后，改进了发动机的设计，从此，东风—3号发动机的试车顺利过关。1966年6月下旬，第一颗人造卫星的运载火箭"长证—1号"为解决滑行段喷管控制问题而进行的滑行段晃动半实物仿真试验中，出现了晃动幅值达几十米的异常现象。钱学森亲临现场，在讨论中认定：此现象在近于失重状态下产生，原晃动模型已不成立，那时流体已呈粉末状态，晃动力很小，不影响空中航行。他的这一大胆地分析，使大家悬着的心落了地。后来多次飞行试验证明，这个结论是正确的。

　　导弹航天属高科技，技术问题常常是非常复杂的，而在初创阶段我们又缺乏经验，对于一些技术难题在意见纷争的情况下，往往难于决策。由于当时钱学森是技术负责人，所以一些棘手问题常常提到他的面前，这就需要决策者不仅要有渊博的学识，而且也要有一定的胆识。钱老回忆说，20世纪60年代，在基地的一次导弹试验中，因在加注推进剂时操作有误，出现了一个大问题，即弹体瘪进去一块。在场的人看了都十分紧张，认为这是一个大故障，导弹不能发射。钱学森听完汇报，亲自爬到发射架上，察看故障情况后，认为箱体的变形并未达到结构损伤的程度。于是他结合自己过去在美国所做壳体研究工作的情况，认为这是由于试加推进剂后，泄出时忘了开通气阀造成箱内真空，外面空气压力大，压瘪的。点火发射后，箱内要充气，弹体内压力会升高，壳体就会恢复原来的形状，所以他主张发射照常进行。钱学森的这一科学分析虽然很有道理，但他的决策仍有很大风险，许多人表示担心。负责发射指挥的基地司令员甚至拒绝在给中央的报告上签字。最后这份由钱学森一人署名的报告送到北京以后，聂荣臻元帅批准了钱学森的意见，结果如他所料，这次发射得了成功。

（六）乐观——笑对人生，活出自我

悲观容易，乐观难。人生一世，悲观的情绪笼罩着生命中的各个阶段。战胜悲观情绪，用开朗、乐观的情绪支配自己的生命，你就会发现原来生活并不总是阴雨连绵。征服自己的悲观情绪便能征服世界上的一切困难之事。

一位著名的政治家曾经说过："要想征服世界，首先要征服自己的悲观。"人生在世，不如意十之八九。如果一味地沉入不如意的忧愁中，只能使不如意变得更加不如意。既然悲观于事无补，那我们何不换个角度，用乐观的态度来对待人生、善待自己呢？

乐观的人处处可见"青草池塘处处蛙"，"百鸟枝头唱春山"；悲观的人每时每刻感到"黄梅时节家家雨"，"风过芭蕉雨滴残"。一个心态正常的人可在茫茫的夜空中读出星光灿烂，增强自己对生活的自信；一个心态不正常的人让黑暗埋葬了自己且越葬越深。因此，无论何时何地身处何境，都要用乐观的态度微笑着对待生活，微笑是乐观击败悲观的有力武器。微笑着，生命才能将不利于自己的局面一点点打开。

守住乐观的心境实在不易。悲观在寻常的日子里随处可以找到，而乐观则需要努力，需要智慧，才能使自己保持一种人生处处充满生机的心境。悲观使人生的路愈走愈窄，乐观使人生的路愈走愈宽。乐观其实是一种机智，是用坚韧不拔的毅力支撑起来的一种风景。

守住乐观的心境，"不以物喜，不以己悲"，就能看遍天上胜景，览尽人间春色。

一个人从小到大，无疑会经历无数大大小小的事情，顺境与逆境、快乐与悲伤、理想与现实等等，一切都会表现在心情上，值得开心的时候，开心是自然的，而不顺心的时候，伤心也是自然的。月有阴晴圆缺，正常的心态应该符合境遇，乐观悲观都是正常自然的心态。一切的和谐与平衡，健康与健美，成功与幸福，都源自平和与淡然的心境，笑不要久，哭不要藏。

忧愁、顾虑和悲观，可以使人重病缠身；坚强的意志和积极、愉快、乐观的情绪，同样会造成不懂变通，一意孤行，任何时候都积极愉快的人显得轻浮和无所谓。

若乐观不是心之所愿，而是想到书上说乐观才是好，而刻意为之，还是乐观吗？

完整的一天必须白天黑夜，这样才是平衡的，最佳的心态应该是平和的，有喜有悲。

不久前，我认识了一个女孩，她走上教师工作岗位才 2 年她对我说，她爱好运动，在大学里算是一个比较活跃的学生。但是，走上工作岗位后，发现很多事情不是自己主观努力就可以做好的，所以总是对自己的工作业绩不满意，甚至丧失信心。有一个追求她的男孩子，是她高中时的同学，大学毕业工资不高。据女孩讲她最不满意的是他的个子太矮。女孩对我说，这个男孩子追她七八年了，对她百依百顺，可她就是觉得不满意，想到跟了他今后连住的房子都买不起，想过上安定富裕的生活更是遥遥无期，她就觉得悲观失望，好像眼前一片漆黑，于是她生活得很不快乐。

而另有一个相貌和收入都不错的男孩子追求她，她又觉得他太优秀，跟他在一起她有压力，怕守不住他，怕到头来还是一场空。于是，她就这样在没有自信、没有希望、没有快乐的生活里消磨着自己的生命。

对她的现状我是能理解的。其实，在我们的人生路上总有那么一些时候我们看不清前面的路，看不见未来的希望。我们不知道未来有什么在等待着我们。但是过来以后你会发现，在人生的路上没有什么难关是闯不过去的。在我们的一生中会有许多意想不到的事情发生，所以你大可不必悲观失望。我想，在这种时候关键问题有两个：一个是想清楚自己最想要什么，只有想清楚了自己的愿望，才能更好地把握机会，朝向自己的愿望努力；另一个是要调整好自己的心态，不要过于爱慕虚荣争强好胜，也不要与人攀比追求完美，要脚踏实地过好眼前的每一天。

其实，乐观与悲观一方面跟本人的性格、境遇有关；另一方面也与自己的兴趣爱好心态有关。一个人应该多培养一些爱好，经常做一些自己喜欢的事，没必要过分的约束自己，毕竟人的一生就那么就那么几十年，而人的追求是永无止境的，所以结果并不重要，在追求中享受过程才是最重要的。如果你多数时候是不快乐的，那可能是你给自己的压力太大，应该给自己降低点要求，放下些包袱，轻装前行。

总之，不管你是乐观的还是悲观的，都要学会释放压力，为自己的生活寻找快乐，一样可以有一个快乐的人生。

故事一：有两个人，都住在山上。那山挺荒凉，是秃的。

第一个挺悲观，一边叹气，一边在山脚下为自己修着坟茔。

第二个挺乐观，乐呵呵的，在山坡上种了好多绿色的树苗。岁月悠悠。转眼过了 40 年。

第一个人果然老了，就泪汪汪地打开坟茔的门，走了进去，再也没有出来。

第二个人却精神抖擞，在碧树下采摘着金色的丰收。

又过了许多年，第一个人的坟茔前长满了衰草，野狼出没。

那座花果山前却花常开，树常青，满山闪耀着生命的光辉。

原来，悲观与乐观都是种子，都能结果。只不过，前者结的果叫无奈，后者结的果叫甘甜。

故事二：他是黑人，1963 年 2 月 17 日出生于纽约布鲁克林贫民区。他有两个哥哥、一个姐姐、一个妹妹，父亲微薄的工资根本无法维持家用。他从小就在贫穷与歧视中度过。对于未来，他看不到任何希望。没事的时候，他便蹲在低矮的屋檐下，默默地看着远山上的夕阳，沉默而沮丧。

13 岁的那一年，有一天，父亲突然递给他一件旧衣服："这件衣服能值多少钱?""大概 1 美元。"他回答。"你能将它卖到两美元吗?"父亲用探询的目光看着他。"傻子才会买!"他赌着气说。

父亲的目光真诚又透着渴求:"你为什么不试一试呢?你知道的,家里日子并不好过,要是你卖掉了,也算帮了我和你的妈妈。"

他这才点了点头:"我可以试一试,但是不一定能卖掉。"

他很小心地把衣服洗净,没有熨斗,他就用刷子把衣服刷平,铺在一块平板上阴干。第二天,他带着这件衣服来到一个人流密集的地铁站,经过 6 个多小时的叫卖,他终于卖出了这件衣服。

他紧紧地攥着两美元,一路奔回了家。以后,每天他都热衷于从垃圾堆里淘出旧衣服,打理好后,去闹市里卖。

如此过了十多天,父亲突然又递给他一件旧衣服:"你想想,这件衣服怎样才能卖到 20 美元?"怎么可能?这么一件旧衣服怎么能卖到 20 美元,他顶多只值两美元。

"你为什么不试一试呢?"父亲启发他,"好好想想,总会有办法的。"

终于,他想到了一个好办法。他请自己学画画的表哥在衣服上画了一只可爱的唐老鸭与一只顽皮的米老鼠。他选择在一个贵族子弟学校的门口叫卖。不一会儿,一个开车接少爷放学的管家为他的小少爷买下了这件衣服。那个十来岁的孩子十分喜爱衣服上的图案,一高兴,又给了他 5 美元的小费。25 美元,这无疑是一笔巨款!相当于他父亲一个月的工资。

回到家后,父亲又递给他一件旧衣服:"你能把他卖到 200 美元吗?"父亲目光深邃,幽幽的闪着光。

这一回,他没有任何犹豫,他沉静地接过了衣服,开始了思索。

两个月后,机会终于来了。当红电影《霹雳娇娃》的女主演拉佛西来到了纽约宣传。记者招待会结束后,他猛地推开身边的保安,扑到了拉佛西身边,举着旧衣服请她签个名。拉佛西先是一愣,但是马上就笑了。我想,没有人会拒绝一个纯真的孩子。

拉佛西流畅地签完名。他笑了,黝黑的面庞,洁白的牙齿:"拉佛西女士,我能把这件衣服卖掉吗?""当然,这是你的衣服,怎么处理完全是你的自由!"

他"哈"的一声欢呼起来:"拉佛西小姐亲笔签名的运动衫,售价200美元!"经过现场竞价,一名石油商人出1200美元的高价收购了这件运动衫。

回到家里,他和父亲,还有一大家人陷入了狂欢。父亲感动得泪水横流,不断地亲吻着他的额头:"我原本打算,你要是卖不掉,我就找人买下这件衣服。没想到你真的做到了!你真棒!我的孩子,你真的很棒……"

一轮明月升上天幕,透过窗户柔柔地洒了一地。这个晚上,父亲与他抵足而眠。

父亲问:"孩子,从卖这3件衣服中,你明白什么了吗?"

"我明白了,你是在启发我,"他感动地说,"只要开动脑筋,办法总是会有的。"

父亲点了点头,又摇了摇头:"你说得不错,但这不是我的初衷。"

"我只是想告诉你，一个只值一美元的旧衣服都有办法高贵起来，何况我们这些活生生的人呢？我们有什么理由对生活丧失信心呢？我们只不过黑一点儿、穷一点儿，可这又有什么关系？"

就在这一刹那间，他的心中，有一轮灿烂的太阳升了起来，照亮了他的全身和眼前的世界。"连一件旧衣服都有办法高贵，我还有什么理由妄自菲薄呢！"

从此，他开始努力地学习，严格地锻炼，时刻对未来充满着希望！20 年后，他的名字传遍了世界，驰名海内外。他的名字叫——迈克尔·乔丹！

（七）　感恩——对生活心存感激

生活是什么？我们苦苦思索。从平淡中寻找温暖，从失败中寻找成长，从失意中寻找真诚……也许生活就是这个寻寻觅觅的过程。我们在生活里搜寻到了太多的感动。当我们用最真挚的双手把它们怀抱胸前时，才发现：自己是世界上最富有的人。所以，我们真该认认真真地生活。怀着感恩的心来品味所有，才是真正在生活的人。

伴着第一声啼哭，我们来到了这个世上。自从那乌黑的眼珠迎着第一轮朝阳，我们便开始了生命之路。从牙牙学语到出口成章，从懵懂无知到日渐成熟，在这个过程中，都会遇到别人给自己的关心和帮助，也许我们不能一一回报，但是我们必须时刻怀着感恩的心，对所有的这一切心存感激。

感恩自然。我们在它的庇护下生活和工作，欢笑着成长。它是美丽的。它是无私的。它给予我们一切。

感恩祖国。没有祖国的繁荣昌盛，哪有今天的幸福生活。她给了我们健康成长的摇篮，给了我们发挥自如的空间。

感恩父母，是他们把我们带到了这个世界上，给了我们无私的爱和关怀，却不图回报。

感恩朋友，是他们在我们失意的时候伸出援助之手；在我们高兴的时候，他们在一旁默默的祝福着我们。

感恩老师，是他们给了我们知识和看世界的眼睛，教会了我们许多东西。我们的成功就是他们最大的骄傲。

感恩对手，是他们给了我重新认识自己的机会和再次拼搏的勇气，在不断的较量中汲取能量，慢慢走向成功。

感恩恋人，不管是曾经的还是现在的，是他们给我们带来快乐，帮我们战胜困难，激励我们走向成功的彼岸。是他们使我们更加懂得感情的可贵，那一颦一笑、一言一语，都历历在目。

感恩同事，是他们在工作中与我们朝夕相处，给予力所能及的帮助；是他们给了我一种浪迹天涯、一朝有家的感觉，平淡中蕴含着亲切，微笑中透着温馨。

感恩生活。让我们在漫长岁月的季节里拈起生命的美丽，不断诠释生活新的意义。

小故事，大恩情，让我们从中学会感恩。

故事一：

有一位单身女子刚搬了家，她发现邻家住了一户穷人家，一个寡妇与两个小孩子。有一天晚上，那一带忽然停了电，那位女子只好自己点起了蜡烛。没一会儿，忽然听到有人敲门。

原来是隔壁邻居的小孩子，只见他紧张地问："阿姨，请问你家有蜡烛吗？"

女子心想："他们家竟穷到连蜡烛都没有吗？千万别借他们，免得被他们依赖了！"

于是，对孩子吼了一声说："没有！"正当她准备关上门时，那穷小孩展开关爱的笑容说："我就知道你家一定没有！"说完，竟从怀里拿出两根蜡烛，说:"妈妈和我怕你一个人住又没有蜡烛，所以我带两根来送你。"

此刻，女子自责、感动得热泪盈眶，将那小孩子紧紧地拥在怀里。

故事二：

法国一个偏远的小镇，据传有一个特别灵验的水泉，常会出现奇迹，可以医治各种疾病。

有一天，一个拄着拐杖、少了一条腿的退伍军人，一跛一跛的走过镇上的马路。旁边的镇民带着同情的回吻说:"可怜的家伙，难道他要向上帝祈求再有一条腿吗？"这一句话被退伍的军人听到了，他转过身对他们说:"我不是要向上帝祈求有一条新的腿，而是要祈求他帮助我，叫我没有一条腿后，也知道如何过日子。"

试想：学习为所失去的感恩，也接纳失去的事实，不管人生的得与失，总是要让自已的生命充满亮丽与光彩，不再为过去掉泪，努力的活出自己。

故事三：

曾经有两个人在沙漠中行走。他们是很要好的朋友，在途中不知道什么原因，他们吵了一架。

其中一个人打了另个人一巴掌，那个人很伤心，于是他就在沙里写道："今天我朋友打了我一巴掌。"

写完后，他们继续行走。他们来到一块沼泽地里，那个人不小心踩到沼泽里面。另一个人不惜一切，拼了命地去救他，最后那个人得救了。他很高兴很高兴，于是拿了一块石头，在上面写道："今天我朋友救了我一命。"

朋友一头雾水，奇怪得问："为什么我打了你一巴掌，你把它写在沙里，而我救了你一命你却把它刻在石头上呢？"那个人笑了笑，回答道："当别人对我有误会，或者有什么对我不好的事，就应该把它记在最容易遗忘，最容易消失不见的地方，由风负责把它抹掉。而当朋友有恩与我，或者对我很好的话，就应该把它记在最不容易消失的地方，尽管风吹雨打也忘不了。"

故事四：

帮助汉高祖打平天下的著名将领韩信，在未得志时，境况很是困苦。那时候，他时常往城下钓鱼，希望碰着好运气，便可以解决生活。但是，这究竟不是可靠的办法，因此，时常要饿着肚子。

幸而在他时常钓鱼的地方，有很多漂母（清洗丝棉絮或旧衣布的老婆婆）在河边作工的，其中有一个漂母，很同情韩信的遭遇，便不断的救济他，给他饭吃。韩信在艰难困苦中，得到那位以勤劳克苦仅能以双手勉强糊口的漂母的恩惠，很是感激她，便对她说，将来必定要重重的报答她。那漂母听了韩信的话，很是不高兴，表示并不希望韩信将来报答她的。后来，韩信替汉王立了不少功劳，被封为楚王，他想起从前曾受过漂母的恩惠，便让人送酒菜给她吃，更送给她黄金一千两来答谢她。

受人的恩惠，切莫忘记，虽然所受的恩惠很是微小，但在困难时，即使一点点帮助也是很可贵的；到我们有能力时，应该重重地报答施惠的人才是合理。

真心诚意的乐于助人的人，是永远不会让人报答他的；最难能可贵的是在自己也十分困难的情形下，出于友爱、同情的去帮助别人。

故事五：

一个天生失语的小女孩，从小和妈妈相依为命。在她们贫穷的家里，妈妈每天辛苦工作回来后给她带一块小小的年糕，是她最大的快乐。

有一天，下着很大的雨，已经过了晚饭时间了，妈妈却还没有回来。天，越来越黑，雨，越下越大，小女孩决定顺着妈妈每天回来的路自己去找妈妈。

当她看见妈妈的时候，妈妈手里拿一块小小的年糕倒在路旁，已经永远地离她而去。

雨一直在下，小女孩也不知哭了多久。她知道妈妈再也不会醒来，现在就只剩下她自己。妈妈的眼睛为什么不闭上呢？她是因为不放心她吗？她突然明白了自己该怎样做。于是擦干眼泪，决定用自己的语言来告诉妈妈她一定会好好地活着，让妈妈放心地走……

小女孩就在雨中一遍一遍用手语做着这首《感恩的心》，泪水和雨水混在一起，从她小小的却写满坚强的脸上滑过……"感恩的心，感谢有你，伴我一生，让我有勇气做我自己。"她站在雨中不停歇地做着，一直到妈妈的眼睛终于闭上……

当流着泪听完这个故事，又反反复复的听着这首歌的时候，我突然想到了天下有多少这样的父母，在默默的为儿女付出一切。而天下又有多少这样的儿女，能够感恩于亲人这样一颗爱心！而做为一个人，生活给予我们的又不仅仅是来自于亲人的爱，那我们是否都怀有一颗感恩的心来面对？

从我们来到这个世界上的这一刻起，我们便拥有了太多！父母给了我们生命和健康！兄弟姐妹给了我们欢乐和亲情！老师给了我们知识和关爱！朋友给了我们友谊和信任！

当我们感受一缕晨风，听见一声鸟鸣，触摸一滴露珠，那是来自于大自然赋予我们的愉悦！当我们迎来新一轮朝阳，目送夕阳西下，那是时光丰富了我们的生命！甚至，当我们承受了一次风雨，走过了一段泥泞，那是生活给了我们战胜的勇气……

这一切，都需要我们用一颗感恩的心去微笑面对！学会了感恩，我们便拥有了快乐，拥有了幸福，也拥有了力量！我们才不会在生活中轻言放弃，勇往直前！

故事六：

美国的罗斯福总统就常怀感恩之心。据说有一次家里失盗，被偷去了许多东西，一位朋友闻讯后，忙写信安慰他。

罗斯福在回信中写道："亲爱的朋友，谢谢你来信安慰我，我现在很好，感谢上帝！因为第一，贼偷去的是我的东西，而没有伤害我的生命；第二，贼只偷去我部分东西，而不是全部；第三，最值得庆幸的是，做贼的是他，而不是我。"对任何一个人来说，被盗窃绝对是不幸的事，而罗斯福却找出了感恩的三条理由。

故事七：

我十分喜欢一个苦孩求学的故事。家庭十分困难，父亲逝去，弟妹嗷嗷待哺，可他大学毕业后，还要坚持读研究生，母亲只有去卖血……我以为那是一个自私的学子。

求学的路很漫长，一生一世的事业，何必太在意几年蹉跎？况且这时间的分分秒秒都苦涩无比，需用母亲的鲜血灌溉！一个连母亲都无法挚爱的人，还能指望他会爱谁？把自己的利益放在至高无上位置的人，怎能为人类作出无私的奉献？我也不喜欢父母重病在床，断然离去的游子，无论你有多少理由。地球离了谁都照样转动，不必将个人的力量夸大到不可思议的程度。在一位老人行将就木的时候，将他对人世间最后的期冀斩断，以绝望之心在寂寞中远行，那是对生命的大不敬。

我相信每一个赤诚忠厚的孩子，都曾在心底向父母许下行孝的宏愿，相信来日方长，相信水到渠成，相信自己必有功成名就衣锦还乡的那一天，可以从容尽孝。

可惜人们忘了，忘了时间的残酷，忘了人生的短暂，忘了世上有永远无法报答的恩情，忘了生命本身有不堪一击的脆弱。

父母走了，带着对我们深深的挂念。父母走了，遗留给我们永无偿还的心情。你就永远无以言孝。

有一些事情，当我们年轻的时候，无法懂得。当我们懂得的时候，已不再年轻。世上有些东西可以弥补，有些东西永无弥补。

孝，是稍纵即逝的眷恋；孝，是无法重现的幸福；孝，是一失足成千古恨的往事；孝，是生命与生命交接处的链条，一旦断裂，无法连接。

赶快为你的父母尽一份孝心。也许是一处豪宅，也许是一片砖瓦。也许是大洋彼岸的一只鸿雁，也许是近在咫尺的一个口信。也许是一顶纯黑的博士帽，也许是作业簿上的一个红五分。也许是一桌山珍海味，也许是一只野果一朵小花。也许是花团锦簇的盛世华衣，也许是一双洁净的旧鞋。也许是数以万计的金钱，也许只是含着体温的一枚硬币……但"孝"的天平上，它们等值。

只是，天下的儿女们，一定要抓紧啊！趁你父母健在的光阴。

故事八：

中国有句古语："百善孝为先"。意思是说，孝敬父母是各种美德中占第一位的。一个人如果都不知道孝敬爹娘，就很难想象他会热爱祖国和人民。

古人说："老吾老，以及人之老；幼吾幼，以及人之幼。"我们不仅要孝敬自己的父母，还应该尊敬别的老人，爱护年幼的孩子，在全社会造成尊老爱幼的淳厚民风，这是我们新一代的责任。

子路，春秋末鲁国人。在孔子的弟子中以研究政事著称。尤其以勇敢闻名。但子路小的时候家里很穷，长年靠吃粗粮野菜等度日。

有一次，年老的父母想吃米饭，可是家里一点米也没有，怎么办？子路想到要是翻过几道山到亲戚家借点米，不就可以满足父母的这点要求了吗？

于是，小小的子路翻山越岭走了十几里路，从亲戚家背回了一小袋米，看到父母吃上了香喷喷的米饭，子路忘记了疲劳。邻居们都夸子路是一个勇敢孝顺的好孩子。

故事九：

包公少年时便以孝而闻名，性直敦厚。在宋仁宗天圣五年，即公元1027年中了进士，当时28岁。先任大理寺评事，后来出任建昌（今江西永修）知县，因为父母年纪大了不愿随他到他乡去，包公便马上辞去了官职，回家照顾父母。他的孝心受到了官吏们的交口称颂。

几年后，父母相继辞世，包公这才重新踏入仕途。这也是在乡亲们的苦苦劝说下才去的。在封建社会，如果父母只有一个儿子，那么这个儿子不能扔下父母不管，只顾自己去外地做官。这是违背封建法律规定的。一般情况下，父母为了儿子的前程，都会跟随去的。或者儿子和本家族的其他人规劝。父母不愿意随儿子去做官的地方养老，这在封建时代是很少见的，因为这意味着儿子要遵守封建礼教的约束——辞去官职照料自己。历史书上并没有说明具体原因，可能是父母有病，无法承受路上的颠簸，包公这才辞去了官职。

不管情况如何，包公能主动辞去官职，还是说明他并不是那种迷恋官场的人。对父母的孝敬也堪为表率。

故事十：

有一个城市发生了地震。救援工作在紧张地进行。三天后，救援工作人员依稀听得一处有"救命啊！快来救我的孩子啊！"顺着声音搜索，发现是从一片坍塌的废弃物中传出来的。拨开废墟，发现一位年轻母亲四肢撑地，腰背拱起，顶着残砖碎瓦废梁，而在挡住的空间下，有一个婴儿，躲在他身下，熟睡着。这位母亲不住地叨念着："快救我的孩子！快救我的孩子！"当救援工作人员把她们救上来后，她第一句话就问："我的孩子怎么样？我的孩子怎么样？医护人员告诉她：你的孩子很好，没有危险。"当她一听自己的孩子安全了，没有危险了，心情一松，晕倒了。医护人员赶快把她送往医院抢救。

这位母亲之所以能撑到现在，是她要救孩子出去这个强烈的念头支撑着她。如果没有这个信念，她自己也不能坚持下来。

心存感恩，会让我们的世界更加多姿多彩，也会让自己的生命灿烂辉煌。毫无感恩之念的人，也许会在某段时间里得势，但时间不会长久，他们终会被人们遗弃。朋友，心存感恩吧，这样，你的人格魅力才会更加完美。